公共安全天空地大数据技术丛书

天空地海量多源异构数据
汇聚与协同

江碧涛　吕守业　赵薇薇　王　艳　等　著

科学出版社
北　京

内 容 简 介

　　本书通过整合利用卫星和航拍影像、地面跨时空视频、网络数据和地理信息等多源异构数据，围绕天空地海量数据源分布特点和安全保密要求，并根据公共安全事件智能感知与理解的需要，利用先进的多源异构数据汇聚与协同相关技术，实现多源异构数据的跨时空、多尺度、多粒度汇聚，构建公共安全事件处置需要的数据体系，形成跨系统协同管理、跨空间安全调度、跨平台安全服务的数据保障总线，并建设一体化天空地海量多源异构数据汇聚管理平台，为公共安全事件的智能感知与理解提供数据支撑服务。

　　本书可供公共安全研究领域和海量多源异构数据处理领域的研究人员参考。

图书在版编目（CIP）数据

天空地海量多源异构数据汇聚与协同/江碧涛等著. —北京：科学出版社，2023.2

（公共安全天空地大数据技术丛书）

ISBN 978-7-03-074735-8

Ⅰ.① 天… Ⅱ.① 江… Ⅲ.① 数据管理 Ⅳ.①TP274

中国国家版本馆 CIP 数据核字（2023）第 005489 号

责任编辑：杨光华　徐雁秋/责任校对：高　嵘
责任印制：张　伟/封面设计：苏　波

科学出版社 出版
北京东黄城根北街 16 号
邮政编码：100717
http://www.sciencep.com

北京凌奇印刷有限责任公司 印刷
科学出版社发行　各地新华书店经销
＊

开本：787×1092　1/16
2023 年 2 月第 一 版　印张：9
2023 年 9 月第二次印刷　字数：213 000
定价：**88.00 元**
（如有印装质量问题，我社负责调换）

《天空地海量多源异构数据汇聚与协同》
编 委 会

"公共安全天空地大数据技术丛书"序

　　社会公共安全是影响社会稳定和长治久安的重要因素，是我国社会可持续发展和群众安居乐业的重要保障。经过长期发展，我国社会公共安全面貌已经得到大幅提升，但是某些典型事件的发生，特别是突发公共安全事件的发生，可能严重危及社会安全，需要采取预警和应急处置措施来应对治安管理、事故灾难、公共卫生等各类社会安全事件。公共安全事件往往具有突发性强、事物内在关系关联复杂、社会负面影响大、发生前具有征候性等特点，一直是政府管理和学术研究关注的重点内容。公共安全事件内在发展的机制探寻，是一个多领域、多部门、多学科融合发展的课题。

　　要推动这一目标的实现，必须采取多方协同的方式推进。随着我国推进"一带一路"空间信息走廊建设，以及加强"军民资源共享和协同创新"政策的提出，综合利用多源观测手段，以军警民紧密协同合作的形式，提升我国公共安全事件响应与处理能力业已成为国家重大需求。综合利用军警民天空地多源异构观测大数据，完成对公共安全事件的智能感知与理解，提升公共安全事件预测预警能力，符合国家大数据和军民融合战略，是社会公共安全事件管理的重大需求。

　　本套丛书面向社会公共安全事件理解中的重大问题开展深入阐述，从军警民融合、全天候目标感知、公共安全事件理解预测、服务平台4个层面规范和指导公共安全事件的感知理解和预警预测服务。天空地技术的融合，依赖于天空地海量多源异构数据汇聚与关联架构，实现跨时空、多尺度、多粒度的多源异构天空地观测数据的采集、汇聚与关联；通过有效融合多源异构观测数据，深度挖掘观测数据中的敏感语义信息，实现公共安全事件的演化预测；建立具有"跨网协同""跨系统协同""跨领域协同"能力的公共安全事件智能感知和理解系统，构建军警民深度融合机制并验证系统实战能力。

　　本套丛书内容是项目组多年研究成果的总结，具有很高的学术价值和技术引领作用。在社会发展转型的关键阶段出版本套丛书，可以加强社会公共安全防范领域的理论和技术基础，有助于提升我国在反恐、治安管控等领域的全天候监测与预警能力，促进我国天空地大数据应用体系的完善，推动天空地大数据的市场应用。

　　希望本套丛书的读者共同思考和探讨社会公共安全的发展问题，通过推动军警民数据融合、技术发展和应用生态建立，促进军警民天空地一体化大数据的突破和广泛应用，有效提升业务感知与决策能力、智能化响应和处置能力。希望我国公共安全事业与本套丛书同步发展，不断探索核心关键技术，促进军警民天空地自主融合创新走上新的台阶，为"两个一百年"奋斗目标而不断努力奋进。

樊邦奎

中国工程院院士

2022 年 8 月

前　言

本书是国家重点研发计划项目"基于天空地一体化大数据的公共安全事件智能感知与理解"中课题"天空地海量多源异构数据汇聚与关联架构"研究成果梳理后形成的"公共安全天空地大数据技术丛书"中的一本。本书相关课题主要研究天空地海量多源异构数据汇聚与关联架构技术,基于云计算平台的数据资源持久化管理服务平台建设,提供基础数据和平台支撑;构建时空演化知识图谱,实现全天候关注目标的检测追踪与理解;构建符合人类不确定性认知特点的演化模型,实现有效的公共安全事件理解与预测;建立具有"跨网协同""跨系统协同""跨领域协同"能力的公共安全事件智能感知和理解系统,并开展应用示范。

本书共6章,第1章简单介绍公共安全事件智能感知与理解技术发展现状及面向公共安全事件处置所需数据汇聚管理所面临的主要挑战;第2章重点介绍天空地多源公共安全事件处置需要的数据,对各类数据源内容、特点等进行详细的分析;第3章面向公共安全事件处置,介绍天空地海量多源数据的处理过程;第4章基于不同网络安全、系统安全和数据安全的安全等级特点,建立多源异构数据跨系统复杂组网安全体系;第5章重点介绍天空地海量多源异构数据汇聚管理技术;第6章介绍海量多源异构数据汇聚与协同管理平台的搭建。

本书由樊邦奎院士主审,樊院士提出了许多宝贵意见,对此谨表衷心的谢意。

对于本书中可能存在的不足之处,敬请读者指正。

作　者
2022 年 10 月

目　　录

第1章 绪　　论

随着我国推进"一带一路"空间信息走廊建设，以及加强"军民资源共享和协同创新"政策的提出，综合利用卫星和航拍影像、地面跨时空视频、网络数据和地理信息等多源观测数据，以多领域紧密协同合作的形式，提升我国公共安全事件响应与处理能力已成为国家重大需求。

公共安全管理引入大数据，最早可追溯到1996年，当时美国构建了交通事故在线分析系统，通过大数据分析快速掌握交通状态并进行交通预警。时至今日，大数据已成为公共安全领域实现科学管理的重要支撑，大到反恐维稳、国家安全预警，小到嫌犯抓捕、日常出行，数据信息不断发展、技术不断探索，应用大数据挖掘分析技术能逐步提升公共安全管理水平。

公共安全大数据平台是云计算、大数据、物联网等信息技术融合发展的高级形态，具有全面透彻的感知、宽带泛在的互联、智能融合的应用等特征。针对公共安全大数据威胁分析需求，国内外相关的软件公司、研究组织和机构纷纷推出自己的解决方案。如Palantir 公司推出 Palantir Gotham 平台，主要用于国防安全领域，在美国政府追捕本·拉登行动中起到了至关重要的情报分析作用。国际标准化组织（International Organization for Standardization，ISO）、国际电工委员会（International Electrotechnical Commission，IEC）、国际电信联盟（International Telecommunication Union，ITU）等，也正在制订参考标准和规范，支持大数据一体化、业务智能感知和互操作。国内某些公司也基于云计算和大数据技术推出了自己的数据一体化解决方案。国外大学如斯坦福大学、伊利诺伊州立大学、日本大阪大学，以及国内的香港中文大学、清华大学、复旦大学、西安交通大学、南京大学等成立了专门的大数据技术研究机构，以支持利用云计算和大数据等技术来解决公共安全、政务等领域的问题。

然而，大数据在公共安全领域要实现高效、可信的预测预警任重道远。由于事物本身的复杂性、不确定性及认知模型的限制，大数据分析出错的事例屡见不鲜。美国禁飞系统在2003～2006年超过5 000次将无辜者识别为恐怖分子。我国通过金盾工程、公安大数据分析、高分公安遥感应用各自取得了显著的成果，但总体上还处于探索阶段，真正发挥大数据强大功能的实际应用案例并不多。智能感知和理解系统是实现人与公共安全平台互联的中介面，在公共安全体系中具有重要的作用。但由于公共安全相关业务系统还是以业务分割的形式进行建设，涉及公安、边防、网安等多个业务层面，条块分割严重，系统间数据难以共享，形成了事实上相互孤立的信息孤岛群。遥感影像和视频数据的关注目标检测、跟踪、识别和行为分析的方法存在多源异构数据理解浅、数据关联弱和利用率低的问题，往往导致无法获得令人满意的结果。生态缺失、业务系统建设缓慢，也限制了公共安全领域应用进一步朝向智能化发展。

公共安全预警需要综合利用卫星和航拍影像、地面跨时空视频、网络数据和地理信息等多源异构大数据，这些数据具有来源众多、规模庞大、类型多样、维度复杂、随机性强、数据量大等特点。由于数据分布在不同的在线系统，又具有精度差异大、实时性高、完整性差等特点，考虑数据本身的抽象性、非直观性和多维度关联的复杂性和时变性等问题，无法直接支撑面向公共安全应用的判断、推断和预测。在数据汇聚管理方面，面临的主要挑战有：①如何准确获取隐藏在多源分布式数据库中的有价值数据；②数据结构松散、关联关系缺失等条件下信息自动提取；③数据分散于众多既有在线系统，难以实现跨系统数据的高效协同管理和集约服务；④不同领域跨系统数据还存在跨不同安全等级网络交互的管理问题，数据安全和高协同性能面临挑战。

因此，本书主要面向公共安全应用的"数据孤岛"问题，结合公共安全事件主题，探讨解决数据规模大、类型多、维度丰富带来的数据自主组织问题，数据结构松散、关联关系不完整带来的关联融合问题，以及分散数据跨多个在线系统、跨不同安全等级网络带来的协同管理和集约服务问题。

第2章 公共安全事件处置所需数据

天空地海量多源异构数据汇聚与协同是整个项目研究的基础，需要综合利用卫星和航拍影像、地面视频、网络数据、电磁信息、地理信息、业务信息等多源观测数据，建立公共安全事件处置需要的天空地海量多源异构大数据体系，并建立天空地海量多源异构数据汇聚管理平台，为整个项目提供数据支撑。

本章主要围绕公共安全事件智能感知与理解需要，针对天空地多源公共安全事件处置所需的数据内容、特点、所处系统及网络等进行分析研究，根据研究结果将这些数据分为卫星遥感数据、航拍遥感数据及地网视频数据三大类，并开展天空地、军警民多源异构在线数据的特点分析和研究，为后续数据汇聚、处理、平台建设等相关研究的开展提供支撑。图2.1所示为公共安全事件处置所需数据。

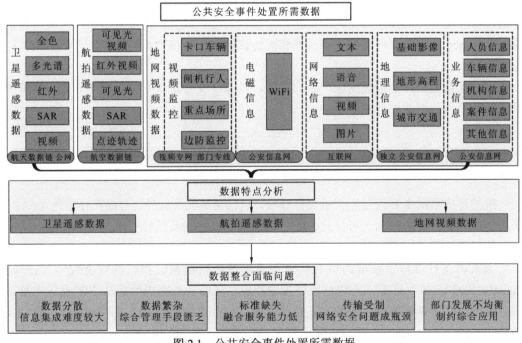

图 2.1   公共安全事件处置所需数据
SAR 为合成孔径雷达（synthetic aperture radar）

2.1   数 据 内 容

2.1.1   卫星遥感数据

卫星遥感数据包括空间编目数据和产品实体数据。空间编目数据包括编目浏览图、编目拇指图和编目元数据文件，一般用于数据信息的发布与更新；产品实体数据包括产品图像、产品浏览图、产品拇指图和产品元数据文件。这些数据主要按照基于时空记录体系的标准景方式进行组织，采用基于文件和数据库的混合存储管理方式，通过提取元数据的属性值建立关系型数据库来关联文件系统。其中，图像属于非结构化数据，元数据属于结构化数据。

卫星遥感数据一般向用户提供 2 级产品，即系统级几何校正产品。数据产品的组织方式是若干以景为单位组织的目录，每一景目录中又包含对应的图像产品、浏览图、拇指图、元数据文件。

（1）图像产品是遥感卫星非压缩（或无损压缩）的产品图像数据，可以是单个波段，也可以是多个波段。一般以 GeoTIFF 的形式存储，GeoTIFF 数据中包含数据基本的属性参数：数据接收空间范围（四角经纬度）、数据空间分辨率、数据投影方式等信息。视频图像一般以 avi 格式存储，是多帧时间序列图像经过位置对准后的叠加。标准景数据量根据载荷和产品类型的不同，从几百兆字节到几十吉字节不等，数据量较大时，也会根据用户需求提供 img 格式数据。随着景数的增加，数据量也会急剧增加。

（2）浏览图和拇指图也称快视图，是为了快速浏览遥感影像数据，对图像产品进行重采样并压缩处理的图像数据，一般以 jpeg 格式存储。该类型数据可用于快速展示与信息发布。jpeg 数据的采样比例主要根据相关协议确定，快视数据的波段组合根据相关标准实现。

（3）元数据文件是描述图像产品的文件，以 xml 文件形式存储。相比而言，浏览图和拇指图及元数据文件数据量较小。

2.1.2　航拍遥感数据

航拍遥感数据主要通过无人机飞行获取，包括可见光、红外、合成孔径雷达（SAR）类型的航空遥感影像数据，可见光、红外类型的视频数据及目标航迹、飞行航迹、文字报文等遥测数据。

无人机飞行过程中获取的所有航空遥感影像数据都通过相机的安全数码（secure digital，SD）卡进行存储，不进行网络传输处理，飞行任务完成后需从 SD 卡导出数据进行整理，并根据需要处理成数字正射影像图（digital orthophoto map，DOM）、数字表面模型（digital surface model，DSM）、数字高程模型（digital elevation model，DEM）（殷年，2006），格式为 GeoTIFF。无人机获取的视频数据在飞行中可以实时传输至服务器端，服务器端对视频数据进行视频压缩、编目和分发处理，视频格式为 H.264。飞行中的遥测数据都通过航空数据链进行实时传输，传输至服务器后进行航迹加载、经纬高提取等数据处理操作，遥测数据多为格式化报文。

2.1.3　地网视频数据

地网视频数据主要包括地面视频数据、网络信息数据、地理信息数据和业务信息数据。

1. 地面视频数据

地面视频数据主要为视频监控数据，包括人员、车辆等通行、核验等数据。

卡口车辆身份、通行数据是电子警察与部分专用车辆管控卡口对违法违规车辆进行监控拍照及车辆通行监控拍照获得的监控视频。对上述数据二次处理后，能够获得车辆的类型、驾乘人员的信息。

闸机行人身份核验数据是对闸机过往行人进行身份核验检查时获得的视频数据。

重点场所人脸数据是对地铁、网吧、车站等重点场所监控所获得的人脸识别视频。

社会面监控、治安卡口、车辆卡口和治安检查站视频监控数据来自行业部门信息网的信息系统，其所处网络的安全等级为中等，数据类型包括离线视频监测数据和在线视频流监测数据，离线视频监控数据格式包括 avi、mp4、rm、wmv、rmvb 等，在线视频流监测数据符合《公共安全视频监控联网系统信息传输、交换、控制技术要求》（GB/T 28181—2016）中相关压缩编解码协议和视频流获取协议，主要为 H.264 格式。

2. 网络信息数据

网络信息数据包括文本、视频、语音、图片等。数据包括 txt、html、swf、json、mp4、wmv、gif、xml 等结构化、半结构化及非结构化的海量数据。由于网络上存在各种各样的设备、协议和服务，网络连接方式多种多样，这就必然会导致网络信息数据的内容和格式是千差万别的，需要按照相关协议标准对网络数据进行采集和处理。标准协议的数据格式主要有简单网络管理协议（simple network management protocol，SNMP）、Telnet 协议、安全外壳（secure shell，SSH）协议等。网络数据可以通过网络爬虫、网站公开应用程序接口（application program interface，API）、导入等方式从不同网络或系统中获取，其中获取的非结构化数据、半结构化数据都需要以结构化的方式存储为统一的本地数据文件。对网络流量的采集则可使用深度包检测（deep packet inspection，DPI）或深度/动态流检测（deep/dynamic flow inspection，DFI）等带宽管理技术进行处理。

数据量大小按照互联网日志实时收集和实时计算，一天总流量：每个页面 20 kB×100 万个页面/1 024≈19 531 MB≈19 GB。

目前网络信息数据在公开网络系统、互联网上，安全等级较低，需要布设安全防范和防入侵策略。

3. 地理信息数据

地理信息数据包括基础支撑数据和城市交通数据。其中基础支撑数据包括全国 5 m、关注区域 0.8 m 分辨率影像数据和全国 30 m DEM 高程数据，数据格式为 GeoTIFF 或 img；城市交通数据来自行业部门信息网的警用地理信息系统（police geographic information system，PGIS），包括监控视频、交通控制信号、交通事故接处警、警车全球定位系统（global positioning system，GPS）定位、交通违章检测、警力分布、交通标志、停车场位置、路况监控、交通路径等数据，数据格式为 shp。

PGIS 数据文件格式按照 Shapefile 文件方式存储地理信息系统（geographic information system，GIS）数据，至少由 shp、dbf、shx 三个文件组成，分别存储空间、属性和前两者的关系。相关的执行标准有《城市警用地理信息分类与代码》（GA/T 491—2004）、《城市警用地理信息图形符号》（GA/T 492—2004）、《城市警用地理信息系统建设规范》（GA/T 493—2004）、《城市警用地理信息属性数据结构》（GA/T 529—2005）。

PGIS 数据量估计：主要针对地图应用获取坐标数据，每条坐标数据大概 0.5 KB，具体的坐标数据量根据实际应用计算。

PGIS 数据一般存储于部、省、市三级公安系统的公共安全信息网。

4. 业务信息数据

业务信息数据主要包括人员、车辆、机构、案件、物品、轨迹等数据，数据为 txt、html、swf、json、mp4、wmv、gif、xml 格式组织的数据包、二进制格式的网络数据包等各种类型的结构化、半结构化及非结构化的海量数据。

业务信息数据的数据量较小，按照每条数据 20 KB、每天 10 000 条计算，每天产生的业务信息数据量为 20 KB×10 000/1 024≈195 MB。

业务数据主要由行业部门信息网的警务信息综合应用平台系统等业务系统提供，其安全等级较高。

2.2 数 据 特 点

遥感技术以大面积对地观测、短周期重访覆盖的优势成为地表目标信息获取的重要手段，这对提高公共安全业务中目标情报信息的获取能力具有重要意义。随着对地观测遥感卫星数量的增多及遥感数据质量的不断提高，遥感技术在服务于公安业务方面展现出较大的应用潜力。因此，作为参与公共安全应急处置的新增辅助力量，本节将重点介绍卫星遥感数据、航拍遥感数据和地网视频数据的特点，有助于公共安全领域研究者更深入地了解遥感数据。

2.2.1 卫星遥感数据

1. 载荷特性

遥感卫星搭载的不同载荷具有不同的特点，可满足不同的应用需求。全色影像波段范围为 0.38～0.76 μm，能够提供关注对象位置、纹理、形状等特征信息，特点是空间分辨率高；多光谱遥感影像的波段通常为红、绿、蓝和近红外，能够提供关注对象位置、纹理、形状和较低尺度的光谱信息，与全色影像融合后能够提供直观、丰富的展示效果；高光谱遥感影像将光谱能量按照 10 nm 数量级的波长间隔分别成像，能够提供关注对象或任务区域等丰富的光谱特征，为目标揭伪、材质分析、异常检测、地物分类等应用提供支撑；热红外遥感影像主要用于提供关注对象温度信息，为异常热源检测、温度变化分析等应用提供支撑；SAR 影像可全天时、全天候获取，具有一定的穿透能力，对金属物质敏感，能够提供关注对象位置、纹理、形状及散射特性信息。

2. 高光谱遥感

高光谱遥感具有波段多、光谱分辨率高及图谱合一等特点，其获取的影像主要分布在电磁波谱的紫外、可见光、近红外和中红外区域，可以提供丰富的地物光谱信息。

高光谱遥感综合了传统光学遥感技术和光谱技术的优势，从其影像的每个像元中可以提取一条覆盖整个成像光谱区域的连续光谱曲线，由于每种地物都有自己的光谱特征，根据提取的光谱曲线可以反演并识别不同的地物种类，如图 2.2 所示。

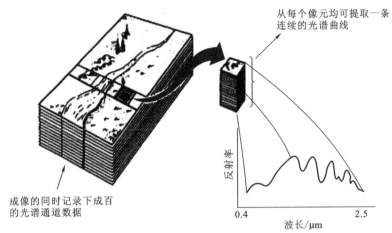

图 2.2 光谱曲线示意图

高光谱遥感影像的特点如下。

（1）高光谱遥感影像内容从二维转向三维，每个像元反映的是地物的三维立体属性。高光谱遥感影像是在可见光到短波红外波段范围内，仅以数个纳米的光谱分辨率采样，成像波段数可达数百个甚至更高，这些波段同时对地表地物成像，每一个波段成一幅二维空间影像，最终形成由许多二维空间影像按光谱维叠加而成的三维高光谱影像立方体，能够综合体现地面目标的空间维、时间维和光谱维特征。

（2）高光谱遥感影像提供了每一个像元所对应地物的光谱曲线，能获取地物目标的精细光谱特征。

（3）光谱分辨率高，优于 10 nm，其所获取的数据含有极为丰富的光谱信息，具有可诊断地表物质的光谱特性。任何地表物体都具有吸收、反射和发射电磁波的能力，各种自然地物和设施由于其材质、形态等物化属性的不同，对不同波长的电磁波具有不同的反射特性，能形成典型的光谱曲线，利用高光谱手段能够探测各种目标的成分属性及有机目标的状态属性。

（4）受器件影响，高光谱传感器的空间分辨率相对较低，高光谱遥感对真实世界复杂地物成像时，所获数据中存在大量冗余信息，具体表现是同一像元中混杂了不同地物及其光谱信息，导致无法真实反映地表地物分布情况。

鉴于高光谱遥感数据中包含的丰富的图像信息和光谱信息，通过数据反演等处理对地物各点光谱曲线的分析和分类，可以定性得到影像上各类地物目标的分布结果，从而对地物目标种类进行初步判断。结合地物目标光谱特征库，可以实现对目标的定量分析，进而对各类目标的材质组成进行准确判断。

3. 热红外遥感

热红外遥感通过记录不同地物间的热辐射特性差异来识别地物和反演地表参数，具有全天时全天候成像及覆盖面广、信息量大、动态性好等明显优点，是目前已知唯一可以进行地表温度反演的遥感探测手段。一般来讲，热红外传感器分辨率相对较低，但可以昼夜成像，并具有一定的穿透薄云薄雾的能力，所成的影像除了反映目标的空间特征，还反映目标的辐射特征和温度特征。

（1）在热红外遥感影像上，浅色调代表强辐射体，表明其温度高或辐射率高；深色调代表弱辐射体，表明其表面温度低。

（2）在热红外遥感影像中反映目标的信息往往偏大，且边界不十分清晰，但对水信息反映敏感。

（3）热红外遥感影像是扫描影像，因此具有明显的几何变形。

（4）热红外遥感影像具有不规则性，会使影像出现某些"热"的假象。例如冷气流会产生不同形状的冷异常影像，云会降低热的反差等；影像还会受到电子异常噪声、无线电干扰产生的噪声条纹和波状纹理的影响。

热红外相机能够敏锐感知目标的温度和辐射信息，在大型目标的状态判断方面具有独特的优势。目标状态分析的一种典型应用方式是将可见光和热红外手段相结合，综合利用高分辨率可见光遥感影像蕴含的目标细节特征和热红外遥感影像反映的目标热辐射特征来综合判定目标的工作状态；在获得多时相热红外遥感影像的前提下，还可进行目标状态的异常判定。

4. SAR 遥感

SAR 载荷主要具有如下特点。

（1）SAR 能穿透云雾、雨雪，具有全天时、全天候工作能力。冰云对任何波长的微波都几乎没有什么影响，这对经常有 40%～60% 的地球表面被云覆盖情况是具有重要意义的。雨对微波的影响有限，当波长为 3 cm（X 波段为 2.4～3.8 cm）时，即使大雨倾盆的地区对微波的影响也很小。SAR 属于主动式遥感，是由传感器发射微波波束，再接收地物反射信号，因此不依赖太阳辐射，无论白天还是黑夜都可以工作，故称为全天时。

（2）SAR 对地物具有一定的穿透能力。微波对地物的穿透深度因波长和物质不同而有很大差异，波长越长，穿透能力越强。土壤湿度越小，穿透越深。

（3）SAR 能够提供不同于可见光和热红外遥感所能提供的某些信息。由于海洋表面对微波的散射作用，可以利用微波探测海面风力场，有利于提取海面动态信息，SAR 载荷可安装在海洋卫星上。

SAR 遥感成像方式特殊，数据处理和解译相对困难，且与可见光和热红外传感器数据不能在空间位置上相对一致。同时，从 L 波段到 X 波段，波长越来越短：①大气对微波能量传输的衰减作用由弱到强；②云层微粒和雨微粒对微波的吸收和散射作用（宏观表现也为衰减）从轻微到显著；③L 波段（十几厘米）穿透能力高于 X 波段（几厘米）；④X 波段对小目标的探测能力高于 L 波段，而且容易取得高分辨率。

SAR 遥感影像主要具有如下特点。

（1）存在透视收缩和顶底倒置等现象。

（2）存在阴影现象，雷达波被地表物体遮挡会产生无回波区域，形成与光照相似的阴影。

（3）存在模糊现象，天线方向图上旁瓣也能照射地面目标并接收其回波，若旁瓣照到的目标回波很强，则影像上可看见模糊目标，称为"鬼影"，产生于沿航迹方向上。

（4）存在多次反射现象，多次反射相对于单次反射，是指雷达波束受地表背景和地物影响，入射波和反射波有多条路径，各条路径的长度不同，而雷达都按只有一次反射的斜距进行定位，因此在影像上沿距离方向出现多个目标影像，主要体现于高大建筑、桥梁等地物与大面积水体背景上。

（5）穿透现象。微波可以穿透云、雨、烟、雾等，当雷达波入射到物体表面，一部分被表面反射和漫散射，另一部分透射入物体内部。良介质体内的透射波可无损耗地向前传播。导电体内的透射波则由于存在损耗而逐渐衰减，表现为透射波逐渐被吸收。物体导电性越好，穿透深度越小。雷达波束能够穿透含水量低的干沙土、木材、纤维板、遮阳帆布等，探测到下面隐蔽遮障的目标。

（6）波段影响。雷达波段是衡量雷达波束性能、特点的重要参数。不同的波段对应不同的波长，L波段、S波段、C波段、X波段对应波长分别为15～30 cm、7.5～15 cm、3.8～7.5 cm、2.4～3.8 cm（图2.3）。使用的波长越短，成像分辨率越高，而对地物的穿透能力越小。

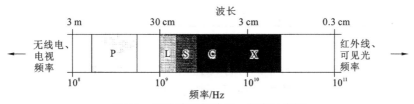

图2.3　雷达波段与波长、频率示意图

（7）极化影响。极化是指电磁波中电场的方向，雷达波通常分为水平极化和垂直极化两种。垂直极化是指电场方向位于由地球表面法线和雷达距离方向所组成的平面，用V表示；水平极化是指电场方向垂直于由地球表面法线和雷达距离方向所组成的平面，用H表示。当雷达作用于地球表面时，其极化方式可能改变，产生随机的极化反射信号，其中包括了水平和垂直两种极化分量，极化方式是否改变取决于被照射目标的物理和电特性，雷达可以接收反射信号的水平和垂直极化分量。SAR成像主要有4种模式：HH是指发射水平极化信号，接收反射的水平极化信号；VV是指发射垂直极化信号，接收反射的垂直极化信号；HV是指发射水平极化信号，接收反射的垂直极化信号；VH是指发射垂直极化信号，接收反射的水平极化信号。对于同一地区，不同模式所得到的雷达影像有所不同。

（8）探测方向影响。探测方向是指雷达波束在水平面内照射地面物体时所指的方向，通常以真北为0°，顺时针旋转至雷达波束所指方向。探测方向与卫星轨道垂直，通常为左侧视或右侧视。相对于地面目标几何外形，不同的探测方向有不同的雷达回波特征和SAR影像上的灰度分布。

5. 空间分辨率

卫星遥感影像的空间分辨率一般用地面像元分辨率来表达，是指影像上能够分辨出的地面最小单元的尺寸或大小。卫星遥感影像的空间分辨率直接影响对感兴趣目标的检测和识别结果，而且不同种类目标的识别对影像分辨率的要求也不同。一些典型的目标检测、识别所需的最低影像空间分辨率如表2.1所示。

表 2.1　最低影像空间分辨率　　　　　　　　　　　　（单位：m）

目标	检测	一般识别	精确识别	描述	技术分析
地形	90	4.5	1.5	—	0.75
城市区域	60	30	3	3	0.75
铁路调车场	30	15	6	1.5	0.4
公路	6～9	6	1.8	0.6	0.4
桥梁	6	4.5	1.5	1	0.3
港口	30	15	6	3	0.3
机场设施	6	4.5	3	0.3	0.15
飞机	4.5	1.5	1	0.15	0.045
汽车	3	0.6	0.3	0.06	0.045

一般来说，从影像中容易识别大于空间分辨率的地物，不易识别小于空间分辨率的地物，但在具体的影像解译过程中，有时大于空间分辨率的地物较难识别，而小于空间分辨率的地物却容易识别。地物的这种识别难易程度称为可辨性。影像中某类地物的可辨性取决于地物与其所处背景的反差条件。当与背景的反差较小时，虽然地物大于空间分辨率，但其特征没有明显地反映出来，因而不易被识别，即该物体在影像上可辨性差。当与背景的反差较大时，虽然地物小于空间分辨率，但物体特征突出于背景之上，则该物体在影像上的可辨性好。影像的可辨性受成像季节影响很大，即使同一波段的同一影像，成像季节不同解像力也不一样。造成这些差别的主要影响因素有植被、水分、太阳高度角。

2.2.2　航拍遥感数据

航拍遥感具有分辨率高、手段多样、机动灵活、方便快捷等优势。数据采集过程中可以根据用户需求搭载不同传感器，也可以在同一平台上搭载多台传感器。因低空飞行，相机分辨率一般比较高，都是分米级，最高可达厘米级。航拍遥感数据相对卫星遥感数据有一个突出的优势，就是不受飞行轨道约束，可以利用多角度成像航迹规划和倾斜摄影测量技术实现数字表面模型数据的快速获取，能够真实反映地物表面信息、景观信息、属性信息等，信息更丰富、精度更高、表达更直观。

航拍遥感具有如下特点。

（1）低空飞行采集受天气条件影响小，应急响应能力强。飞行任务准备时间短、操作相对简单，低空飞行对天气的要求相对较低，因此在地震、洪涝等灾害发生时，即使天气不良也能第一时间获取有效数据。

（2）空间分辨率高，一般为 0.1～0.5 m。

（3）探测手段灵活，扩展能力强，可以根据需要搭载可见光、热成像仪、SAR 等不同类型传感器，监测能力强。

（4）数据精度高，所获影像像幅小，影像之间重叠度高，经处理后的数据精度可达测绘级。

（5）数据信息丰富、全面、准确，能够采集建筑物等多角度侧面纹理信息，处理后可实现高度、长度、面积、角度、坡度等信息量测。

2.2.3　地网视频数据

公共安全领域的地网视频等行业部门应用数据具有如下主要特点。

（1）视频、报警、图片等信息数据量非常大，内容庞杂，类型多。例如，视频是所有数据类型中含信息最为丰富的一种信息载体，公安部门及各行业安防部门将其作为核心部位最重要的信息采集方式，利用摄像头搜集汇总各个角落的视频图像信息。视频具有数据量大，感知范围广、清晰度高的特点。

（2）多源异构性。各类数据来源不同，各自进行存储，数据之间彼此孤立，关联程度弱。既有结构化数据又有非结构化数据，对多源、多类型的时序数据/信息（如视频、音频、文本、日志信息等）需要有效的管理组织手段。

（3）数据安全性相对较高，其他网络来源的数据与其进行融合时，需要通过边界安全接入，确保网络安全。

2.2.4　数据整合面临的问题

总的来说，卫星遥感数据、航拍遥感数据和地网视频数据具有如下特点。

（1）数据来自不同部门，规模大、类型多、维度丰富、随机性强、数据量大。单以遥感数据来说，其传感器类型包括了全色、多光谱、高光谱、热红外及 SAR 等多种类型，数据的格式、元数据、数据处理方法都不同，加剧了处理的复杂性；此外，遥感数据除了高维特征，还具有多尺度特征，同种传感器在卫星平台和无人机平台所获取的遥感数据具有不同的分辨率，可以反映出地物多层次特征；同一遥感平台的不同传感器影像，由于成像原理不同，所获取数据具有不同的尺度。另外，运行周期不同的不同观测平台上，成像系统所生成数据具有不同的时相，具有不同的时间尺度。数据规模大、数据量大，并随时间不断变化，有的数据单条目数据量就很大，以遥感数据为代表，融合产品数据量甚至达到几十吉字节，数据集数据量达到几十太字节到数拍字节不等；有的数据单条目数据量小，如网络信息数据，每个页面可能只有 20 KB，但一天总流量就可达 19 GB，并不断累积增长。

（2）数据分布在不同的在线系统，相互独立、自成体系，具有精度差异大、实时性高、完整性差等特点。同一传感器获取的不同时间不同地点的影像、同一遥感平台的不同传感器影像、不同平台获取的不同传感器影像，在成像过程中受传感器自身特性、传感器平台抖动、大气、地物复杂环境干扰等因素影响，获取的数据存在不一致性、不完整性和模糊性等多类不确定性，与其他来源的地理信息融合时，同样存在精度不一致、完整性差的问题。

（3）数据各自进行存储，数据本身具有抽象性、非直观性和各种维度之间关联的复杂性和时变性等特点。图像、视频、音频、文本、日志等多源异构数据来源不同、更新频次不同，不仅具有抽象性、非直观性的特点，不同时间尺度下表现的数据特征也不相同，复杂的类型、结构和模式更凸显了多模态数据各种维度之间关联的复杂性和时变性。

（4）数据敏感度和安全性不同，所处的网络等级也不同。有的数据所处的网络安全等级较高，有的数据虽然来源于互联网，属于非涉密数据，但涉及个人隐私，同样需要安全保障。

面向大数据的汇聚管理需求，整合这些数据资源主要存在以下几方面的问题。

（1）数据分散、信息集成难度较大。目前，数据涉及多个部门，分散于众多既有在线系统，自成体系，难以低价实现跨系统数据的协同管理和集约服务。需要将不同类型的跨系统数据进行协同管理和使用，并发掘相互之间的关联关系，将种类丰富的一系列数据以一种新的姿态极大限度地发挥对公共安全事件智能感知的支撑作用，这就要求汇聚管理系统能够具备在海量数据统一管理基础上，实现正常情况下各自协同工作，以及在干扰因素下独立运转的工作模式。

（2）数据繁杂、综合管理手段匮乏。数据种类多样，体量庞大，数据异构复杂。多种类型的在线系统相互独立、自成体系，数据各自进行存储，有的是数据库管理、有的是文件管理，有的是关系型数据库管理、有的是非关系型数据库管理，数据统一管理难度较大，数据内部也是相互孤立、缺乏关联性，尚未形成统一时空特征的组织管理机制。对遥感数据的掌控，大多还处于孤立、静止、机械的阶段，数据汇聚管理不仅会面临随机性强、数据量大、实时性高、分辨率低、维度众多、完整性差等难点，还存在其本身的抽象性、非直观性和各种维度之间关联的复杂性和时变性等问题。

（3）标准缺失、融合服务能力低。由于数据跨部门、跨领域、跨系统，相互之间缺乏统一的数据标准，数据库平台版本繁多，数据结构、编码、字典各异，数据标准化程度低，系统之间数据兼容性差，难以完全实现数据的无缝对接转换。公共安全事件智能感知是信息化条件下的联合行动，并非不同来源、不同种类目标数据信息的简单叠加，因此需要多种数据深度融合、关联印证后，形成连续、准确、统一的目标态势，提高数据信息的时效性、完整性和精确性。

（4）传输受制、网络安全问题成瓶颈。数据分布在不同的安全等级的网络体系上，在此基础上进行数据汇聚，首先要考虑的是跨网传输的问题：一个是"如何传"，获取更新数据之后如何汇聚，这关系跨网络传输问题，主要考虑安全边界和单向传输技术；还有一个是"如何保"，在跨网络传输中，如何确保系统稳定可靠、安全保密，这是底线，不能放松安全保密关口。

（5）部门发展不均衡、制约综合应用。各部门数据所处的系统按照各自的应用需求建设，云平台等新技术应用程度差异大。以遥感数据为例，目前所在系统仍采用传统的三级存储架构，且计算与存储分离，在资源最优利用和弹性伸缩方面存在不足，亟须综合运用云计算技术、数据库技术和大数据平台技术，实现存储计算一体化，对计算资源、存储资源、数据资源进行统一管理和按需分配，为示范应用的调用提供高效、灵活的云计算基础支撑环境。

第3章 天空地海量多源数据处理

针对公共安全事件处置所需的三大类七小类数据内容及特点分析成果，本章开展卫星遥感数据、航拍遥感数据，以及地网视频数据的采集、获取、生产及标准化处理方法研究，为后续协同汇聚管理提供数据基础。针对三大类数据的特点分别研究数据处理方法，首先结合卫星载荷、分辨能力及成像模式、轨道约束等特点，研究制订卫星遥感数据的保障策略，利用航天遥感多时空谱资源优势，提出存档数据和编程数据两类数据提供流程，同时针对光学和合成孔径雷达等不同载荷研究制订各级产品生产流程；其次综合航拍在高分辨率遥感数据获取、快速应急响应等方面的突出优势，从作业准备、数据采集、质量控制、空三测量及高程模型生产等方面研究制订数据处理方法；再次针对地面视频、网络信息、地理信息及业务信息等地网视频数据从采集过程、标准接入和标准处理等方面进行规范；最后基于公共安全事件处置任务的紧急程度和各类数据保障能力，研究设计常规服务模式、应急服务模式及专项服务模式等具有不同响应能力的数据服务保障模式，为快速响应、快速汇聚、综合协同应用提供精准支撑。图 3.1 所示为天空地海量多源数据处理方法。

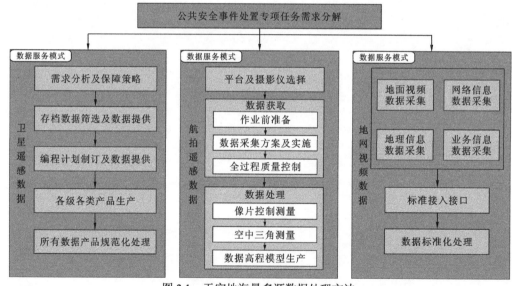

图 3.1　天空地海量多源数据处理方法

3.1　卫星遥感数据

3.1.1　遥感技术重要性

高分辨率遥感卫星具有高时间分辨率、高空间分辨率和高光谱分辨率成像的特点，所获取数据范围广、尺度大、信息丰富。随着平台技术、载荷技术和数据处理技术的不断发展，遥感获取数据逐步由静态向动态、定性向定量、单条带向多条带、单目标向多目标等方向不断发展。近年来，我国商业化遥感发展迅猛，国家各类高分辨率遥感卫星已达两百余颗，卫星数量的增长及单星机动能力的提升均加快了地表任意地区重复观测的能力，能够实现动态信息的快速采集，可为提升公共安全日常业务和应急处突保障能力提供重要信息支撑。

（1）获取遥感科学数据，构建全球尺度时空基准框架。新时代公共安全呈现出明显的区域化、全球化特点，涉及行业领域范围广、空间尺度大，综合海量多源异构数据进行大数据分析，支撑公共安全防范与处置，必须构建全球尺度时空基准框架，将全球或者大区域测绘精度遥感数据作为各信息系统业务底层基础数据支撑。

（2）实施遥感动态监测，完善公共安全信息生态体系。近些年，我国各地警用地理信息系统的推广和使用得到快速发展，但空间数据采集及更新与公安业务期望有较大差距，是效益发挥的主要瓶颈。无论是城市安全管控、山林区域管理、边境安防戍守，还是森林火灾、特大洪灾抢险，都需要有区域性、大范围空间数据业务化采集及常态化更新。遥感数据的高分辨率、多载荷、多谱段及高频度更新能力等在这方面具有突出优势，将卫星遥感动态监测作为公共安全信息重要内容纳入业务化运行，能够完善信息采集生态，提升公安部门管控、预警、处突的能力。

（3）汇聚天空地大数据，为公共安全处置决策提供依据。传统公共安全管理数据以部分地网数据为主，探测手段单一，信息尺度相对固化，未来的发展必然是天空地多源多尺度数据汇聚支撑。卫星遥感作为现阶段最大空间尺度的探测手段，其信息及处理技术必然要纳入公共安全大数据体系组成和支撑框架，解决因沿边沿海、地处偏远、交通不便、警力不及等而导致的公共安防信息不畅难题，也能快速响应火灾着火点位、水灾重点灾区、涉恐活动场所、途经重点防守区域等特定需求，为应急指挥、行动计划、方案部署和实施等各阶段处置提供判断依据和决策支撑。

3.1.2 数据获取及处理

卫星遥感数据获取及处理流程如图 3.2 所示，主要分解为需求分析及保障策略研究、存档数据提供流程、编程数据提供流程、产品生产流程 4 个流程。

1. 需求分析及保障策略研究

不同载荷具有不同的特点，可满足不同的应用需求。需要对任务需求中事件、时间、经纬度、区域范围等要素进行分析，结合已有各种载荷平台及其成像卫星数据（SAR、全色、多光谱、融合产品，以及热红外、高光谱等），制订相应的保障策略。

（1）明确所需提供何种载荷类型的产品，以及合适的分辨率大小：0.5～1.0 m 分辨率数据可以对特定目标进行详查；大于 1.0 m 分辨率数据适用于较大范围的普查。

（2）明确所需采用的成像模式：视频拍摄模式还是常规的条带成像模式，同时包括了多角度、条带拼接等特殊模式的选取。

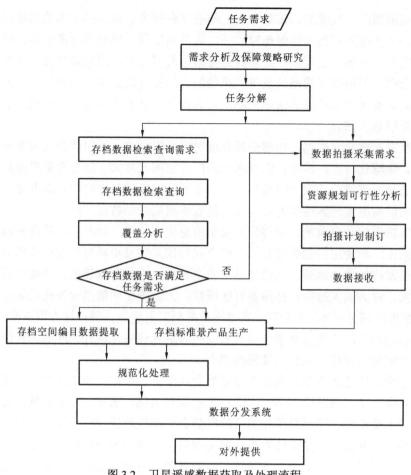

图 3.2　卫星遥感数据获取及处理流程

（3）确定保障的卫星：判断具体由哪颗卫星来进行保障，或由哪几颗卫星来进行同步保障，确保数据获取的有效性和及时性。

（4）明确提供的产品等级：一般提供系统级几何校正产品，但对于高光谱和红外等特殊载荷，即使是系统级几何校正产品，也包括了相对辐射、绝对辐射及反演等不同类型的产品类型；对精度有特别要求的，还需要提供几何精校正产品或者正射校正产品，应根据具体的应用需求来分析提供何种产品。

（5）明确拍摄的时间、区域范围等。

2. 存档数据提供流程

（1）存档数据需求响应。响应用户存档数据需求，包括存档空间编目数据的提供和存档标准景产品的提供。

（2）存档数据检索查询。接收到存档空间编目数据请求和存档标准景产品生产请求后，在既有的编目数据库中依据查询条件进行检索查询，通过覆盖分析，确认空间编目数据中是否存在符合条件的数据，编目数据信息中包括了标准景数据的主要信息，如时间、四角经纬度、格网信息、级别和所在地区等。

（3）存档空间编目数据提取。将符合条件的存档空间编目数据进行提取。

（4）存档标准景产品生产。依据存档空间编目数据中符合条件的景标识下达标准景产品的生产订单，进行标准景产品的自动生产。

（5）规范化处理。按照约定格式或规范对数据进行规范化处理。

（6）数据分发。通过专线/互联网方式向用户提供编目数据或数据产品。

3. 编程数据提供流程

（1）编程数据需求响应。一般在存档数据不满足用户需求的情况下形成编程数据需求，或用户直接提出编程数据需求，对需求进行响应并生成资源规划请求。

（2）资源规划可行性分析。接收到资源规划请求后，系统内部结合所需各种遥感卫星的工作状态、轨道参数、过境时间及有效载荷的既定观测任务、侧摆能力、工作状态等信息，对资源规划请求做可行性分析。

（3）拍摄计划制订。确认资源规划可行性分析结果后，立即启动卫星遥感数据的计划编制、指令上注等一系列工作。

（4）数据接收与生产。按计划进行数据接收，并进行标准景产品的生产。

（5）规范化处理。按照约定格式或规范对数据进行规范化处理。

（6）数据分发。通过专线/互联网方式向用户提供数据产品。

4. 产品生产流程

光学产品生产流程包括全色数据解析、辅助数据分离、视场拼接、辐射校正、系统级几何校正，如图 3.3 所示。

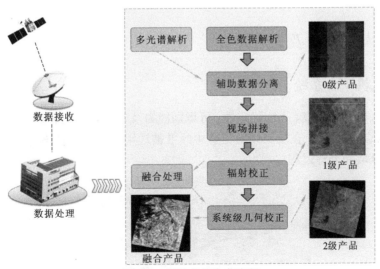

图 3.3　光学产品生产流程

SAR 产品生产流程包括数据解析、辅助数据分离、成像处理、辐射校正、系统级几何校正，如图 3.4 所示。

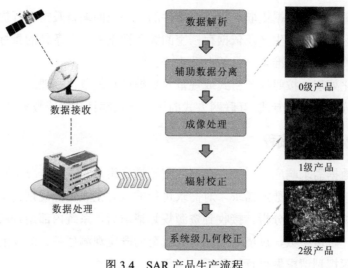

图 3.4　SAR 产品生产流程

3.2　航拍遥感数据

在公安机关日常警务巡逻防控工作中，无人机遥感能够为执勤过程提供前情实时可视化信息，对潜在风险提供预警服务，保障公安人员人身安全和任务顺利实施。在抢险救灾工作中，无人机遥感因影像分辨率高、采集信息快，且受天气条件影响小，在灾害存续期间即使天气不良也能持续采集受灾区域实况信息。在日常城市监控管理工作中，无人机遥感可作为卫星遥感的有效补充，灵活搭载探测器、直观采集地表信息，也能利用倾斜摄影技术和数据处理技术获取高精度 DSM 数据。

3.2.1　无人机平台及设备

1. 无人机平台系统

综合无人机飞行高度、飞行稳定性、可识别能力及作业效率、持续时间等因素，X-6L六旋翼无人机（图 3.5）在航空倾斜摄影中经常被选用，本小节以该无人机为例介绍航拍遥感数据获取和处理过程。

图 3.5　X-6L 六旋翼无人机

X-6L 六旋翼无人机相关技术参数如表 3.1 所示。

表 3.1　X-6L 六旋翼无人机相关技术参数

参数	数值
标准起飞质量/kg	9.5
最大起飞质量/kg	15
负载质量/kg	0～6
飞行时间/min	60
最大飞行速度/(m/s)	10
抗风能力/(m/s)	13
工作海拔/m	5 000

2. 多视角航空摄影仪

倾斜摄影测量任务选择载荷相机为轻型多视角航空摄影仪（图 3.6），包括 4 个 45° 倾斜观测镜头和 1 个正视镜头，从而实现多角度观测与覆盖，保证了地物信息的全角度采集。相对于单镜头倾斜摄影，多视角航空摄影仪大大减少了飞行架次，提高了飞行作业效率和观测覆盖度。

图 3.6　多视角航空摄影仪

多视角航空摄影仪相关技术参数如表 3.2 所示。

表 3.2　多视角航空摄影仪相关技术参数

参数	数值
相机数量/台	5
单个镜头有效像素/万	2 430
像元尺寸/μm	3.9

参数	数值
镜头焦距/（mm/mm）	20/35 或 35/50
ISO 感光度	100～6 400
照片存储容量/GB	128（单台相机可存储 10 000 张照片）
质量/kg	2.7
功耗/ W	小于 20

3.2.2　数据获取

无人机航拍遥感数据获取工作主要包括前期准备、作业准备、数据采集、质量控制、交付验收及应急预案 6 个阶段。

1. 前期准备

1）无线测控网络建设

无人机航测前，需要搭建无人机飞行专用测控链路，无人机将搭载专用机载通信模组客户前置设备（customer premise equipment，CPE）与地面基站通信，相关网络测控关键性指标为：测控时延≤200 ms。

根据网络测控关键性指标需求，每个基站拟计划配置 1 个室内基带处理单元（building base band unit，BBU），并根据需求配置 1～3 个遥控发射单元（remote radio unit，RRU），每个 RRU 配备 1 个定制天线，沿巡线线路安装以保证网络覆盖。

2）空域申请

在进行飞行作业前，需要先对作业区进行空域申请，确认空域范围。

2. 作业准备

1）飞机测试

飞机在装箱运输前需经过完善的性能测试和功能调试，应确保飞机机身、飞控、舵机、电台、数据链、相机等均正常，方能装箱运输。

2）设备准备

设备准备工作包括设备协调、设备发运等主要工作。设备运输过程严格按照运输箱上的包装标识执行。

3）资料收集

为方便任务的开展并保证成果精度的可靠性，在作业前首先收集与作业相关的数据资料，主要包括气象条件、天气状况及测区地势、受控情况等，如表 3.3 所示。

表 3.3　收集的资料

资料内容	重要性	描述
近期天气状况	重要	近一周天气变化状况
季节风力	重要	任务地区的季节风力变化
地形地貌	重要	任务区域的地形变化
控制点资料	重要	地面控制点布设与测量
涉密区域	重要	任务区域的涉密单位及区域

4）现场勘查

为保障任务的顺利开展，首先进行起降点周边的现场勘查工作。主要勘查内容包括环境、地形、交通、居民点及涉密单位分布等（表 3.4），并预选起降场地，预规划飞行航线。

表 3.4　现场勘查内容

勘查内容	描述
环境勘查	天气、风力、温度变化
地形勘查	现场地形高差，有无高山
交通勘查	主要干线分布、交通通达情况
居民点分布	居民区、村落分布，高层建筑分布
涉密单位	涉密单位分布、范围、缓冲等
预选起降场地	根据现场情况，预选几个合适的起降场地
预规划飞行航线	根据现场情况预规划飞行方向、航线，避开人口密集区

3. 数据采集

1）无人机航测

（1）作业条件。任务飞行前一周开始关注监测作业区的天气，尽量避开强风强雨天气，减少任务飞行风险。查询天气变化，制订与待测区域地形特征相适应的航测计划。

（2）起降场地选择。在待测区域周边选择路面开阔、车辆与行人较少的平坦公路作为起降场地。无人机起降期间加强地面现场维护，避免人员、车辆闯入。

（3）飞行参数设置。根据多视角相机任务载荷，设置相机焦距、传感器尺寸、镜头分辨率、飞行高度、航向重叠度、旁向重叠度等飞行参数。

（4）飞行规划。根据实际作业区域进行飞行航线规划，根据多视角航空摄像仪参数计算出航摄航向间隔和旁向间隔及视域宽。为保证完整的覆盖度，各测区均有向四周扩展，扩展区域为一个相对航高，确定最终计划航线条数及飞行架次数。

2）像控点测量

采用区域网布点方案，对作业区进行控制点测量。根据现场环境，像控点测量具有飞行前布点、测量和飞后选点、测量及两者相结合的方式。

（1）控制点布设。

①飞行前布点、测量。如现场特征点较少，采用飞行前布点、测量方案。根据任务区域，在地面安置控制点标桩，并进行测量。点位需布设在空旷、无遮挡的位置，以便测量和无人机航测成像；布点标志大小应保证在无人机航测影像上清晰可见。

②飞后选点、测量。如现场特征明显，易找到较多特征点作为控制点，采用飞后选点、测量的方案。飞行完成后，从航测影像上选取清晰可见、特征明显、易于定位的特征点作为控制点，进行测量。若作业区域内分布有城镇和农村，地面特征较为分散，容易判别的地物较少，像控点布设及测量可以采用两者相结合的方式。

（2）控制点测量。

①设备需求。使用全球导航卫星系统-实时动态（global navigation satellite system-real time kinematic，GNSS-RTK）差分移动卡连接模式进行测量。设备为两台 GNSS 接收机、两个基座、两个三脚架、一把钢尺、一个配套手部、一个大电池、两张移动流量卡。

②飞后特征点测量。对于可选择的特征点，像控布设人员可将该内业选点的照片导入平板电脑中，根据线路规划使无人机到达像控点概略位置范围内，然后仔细判读刺点照片，选择合适的刺点位置，并在电子照片上以圆圈及中心点的标记法进行刺点，完成点位刺点后测量人员可开始测量观测。在控制点选择过程中，点位必须正确，避免模糊不清、模棱两可。

③控制点记录。记录控制点编号信息、采集信息、布控信息等资料，包括航线编号、控制点编号、布控点实地照片、测量点位坐标及为便于后续作业对点位的描述信息等，记录内容及格式如表 3.5 所示。

表 3.5　控制点记录内容及格式

航带编号		控制点编号	
航线编号		平面坐标系	
仪器型号		高程系统	
高程系统		观测时间	
刺点人员		检查人员	
像控点实地照片（近景）		像控点实地照片（远景）	

大地坐标	纬度		像控点点位描述
	经度		
	大地高/m		

像控点位置略图	像控点位置详图

在控制点记录过程中，需注意以下要求。

（1）像控点实地照片（近景）必须要清晰反映实地像控点的具体位置。

（2）像控点实地照片（远景）中必须要有参照物，且能够通过参照物判断出该控制点的具体位置。

（3）坐标数值原始记录必须保存，并记录两次观测平均值。

（4）像控点位置略图用较大方框进行标注，用以体现该点的位置，在选择原始照片时尽可能选择质量较好且控制点居中的像片。

（5）像控点位置详图要求在位置略图上进行局部放大，并用圆圈加中心点方式进行刺点，中心点不宜过大，尽量不遮挡像控点。

（6）像控点点位描述必须描述清楚该点位的具体位置，描述中要体现与参照物的准确相对位置，以便内业人员根据该描述及其他资料准确无误地找到该像控点。

4. 质量控制

1）飞行质量控制

在外业飞行作业完成后，结合国标规范及飞行设计，必须对所有影像数据的重叠度、倾角、旋角、覆盖情况及记录资料等进行全面性检查（王玉鹏，2011）。

（1）像片重叠度控制。

①倾斜摄影：航向重叠度不应小于80%，旁向重叠度不应小于70%。

②正射影像：航向重叠度不应小于70%，旁向重叠度不应小于60%。

（2）像片倾角控制。像片倾角一般要求5°以内，最大倾角不超过12°，采集时倾角为8°～12°的像片数不得超过像片总量的10%。通过专业软件将各影像像主点坐标及机载定位测姿系统（position and orientation system，POS）的定位数据以坐标点的方式展现出来，通过两者的偏差值反推影像倾角大小，从而筛选倾角不合格的区域。

（3）像片旋角控制。

①像片旋角一般要求15°以内，在满足航向和旁向重叠度的前提下，最大旋角不超过30°，采集时旋角超过15°的像片数不得超过像片总量的10%，其中，同一航线上旋角超过20°的像片数不超过3片。

②像片旋角和像片倾角不应同时达到最大值。

（4）摄区边界覆盖保证。航向、旁向覆盖范围都要大于摄区边界，应满足不少于一个相对行高。

（5）航高保持。整个摄区分区，每个分区内最大航高与最小航高之差不应大于50 m，同一航线上相邻像片的航高差不应大于30 m。实际航高与设计航高之差应控制在50 m以内。

（6）漏洞补摄。漏洞补摄应采用原航飞数码相机，按照原设计航线进行补摄，每条补摄航线的两端应超出漏洞之外两条基线。

（7）飞行记录资料的填写。每次飞行结束后，应填写航摄飞行记录表。

2）影像质量控制

（1）影像质量应满足以下要求。

①细节纹理清晰，灰度层次丰富，景物反差适中，整体色调柔和；应能辨认出与相机分辨率相适应的细小地物尺寸。

②影像上不应有明显曝光过度或曝光不足问题，不应有大面积云、阴影、镜面反射、污点等缺陷。如有少量缺陷，应综合分析相关重叠像片，不能影响后续空三解算及三维建模等处理。

③摄影参数选择时要综合各项影响因素，考虑飞行速度对像移的影响，曝光瞬间像点位移一般不大于 1/3 像素，最大不应大于 1 个像素。

（2）原始影像检查应满足以下要求。

①检查 POS 曝光点数据是否与影像数据一致，若有问题现场排查原因。

②检查原始数据影像文件是否都能正常打开，是否存在数据损坏情况。

③检查影像是否有发虚现象，若有发虚现象立即查找原因，可从相机快门速度或飞行平台的减振等方面查找。

④检查原始影像的重叠度，包括航向重叠和旁向重叠。

⑤检查每条航线的记录值与实际飞行的影像数是否一致。

⑥检查全部影像的曝光情况，查看是否有明显的曝光过度或明显的曝光不足，若有问题且影响影像的判读，应立即调整光圈设置，组织重飞。

3）控制点质量控制

（1）控制点完整性。通过内业检查的方式对外业控制点测量的成果进行全面性检查，主要包括控制点坐标格式、有无飞点、过程资料的完整性等。

（2）控制点精度。通过外业控制测量的方式对已测的控制点进行抽查验证，抽查点主要包括容易出错的点位及区域重要点位，如靠近遮挡物的区域、测区外围四角点等，检查精度要满足设计要求。

（3）控制点记录资料。控制点记录资料主要检查控制点记录内容格式是否符合设计要求、记录内容是否完整，其中重点检查像控点坐标值、像控点实地照片（远景、近景）、像控点位置略图、像控点位置详图及像控点点位描述等是否完整、准确。

5. 交付验收

根据一般项目需要，交付成果包括原始数据、成果数据及报告文档。详细交付成果如表 3.6 所示。

表 3.6　交付成果表

成果内容		格式	技术标准	备注
原始数据	照片	jpg	分辨率满足精度要求	硬盘
	POS 数据	txt	分辨率满足精度要求	
成果数据	倾斜摄影三维模型	osgb	分辨率满足精度要求	硬盘
	DEM	tiff	分辨率满足精度要求	
	DOM	tiff	分辨率满足精度要求	
	矢量数据提取	shp	比例尺满足精度要求	

成果内容		格式	技术标准	备注
报告文档	技术方案	纸质		文档成果为电子版；数据成果以硬盘形式提交
	技术总结报告	纸质		
	空域许可批文	纸质		
	质量检查报告	纸质		
	成果图册	纸质		

6. 应急预案

1）保障措施

为了飞行试验的顺利实施，在飞行试验的全过程中地面必须提供充分的保障。

硬件保障主要包括以下 6 个方面。

（1）工具：为了保障飞行所必须携带的工具（包括设备）。

（2）备件：无人机系统的易损件、关键件、重要连接件和常用标准件必须保证足够数量的备份以便随时更换。

（3）补给：主要包括油料补给和电能补给，即必须预备充足以支持试验全过程的燃油、电池等能源保障。

（4）检测：为了保证飞行安全，在试飞前后做好地面检测。

（5）通信设备：提供足够数量的对讲机等通信设备，以保证试验中试验人员通信的畅通。

（6）运输：提供车辆，便于全系统的进场、撤场、转场及试验中部分设备和人员的运输。

软件保障主要包括以下两个方面。

（1）技术文件：在飞行前相关技术文件必须备齐，签署并严格执行。

（2）后勤：包括为保障飞行试验所必需的计划、协议和运作方法，如场地、空域的协调，以及飞行中的安全警卫、保密工作等。

要制订人员计划，明确参与试验人员的职责分工，要做到试验时各岗位人员齐整，按部署协调运作，统一行动。

2）意外情况处理

对地面意外情况的处置如下。

（1）设备故障。设备发生故障需快速查明故障原因，并报给飞行指挥，由飞行指挥做出最后决断。恢复试验必须满足两个条件：一是确认故障得到排除；二是查明故障原因，并保证继续试验不存在安全隐患。

①可快速排除故障：马上组织力量快速排故，排故完成后需做相应的安全检测，确

定不存在安全隐患后方可继续试验。

②不可快速排除故障：作为试验故障记录在案，组织力量分析原因并预判排故时间，最后由飞行指挥根据实际情况做出决定。

（2）气象条件变化。在遇到诸如风向变化、风力加大、降雨、大雾等不可抗拒的自然气象条件变化时，暂停飞行任务，等待气象条件转好后方可继续，如短时无明显变化，则由飞行指挥做最后决断。

（3）场地条件变化。当任务飞行场地条件发生变化、出现不利于飞行的干扰因素时，先暂停任务，排除干扰因素后方可继续。

空中出现意外情况时，在不明原因的情况下，首先要保持飞机的安全飞行状态，然后着陆回收。

（1）链路中断：飞控中预设链路中断半小时后自动返航，待进入有效控制距离后遥控着陆。

（2）发动机停车：遥控状态出现发动机停车，则立即遥控着陆；如果无人机处于自动状态，则立即切换目标航点号为 1，待进入有效控制距离后遥控着陆。

（3）设备故障：立即切换为遥控，并实施人工遥控着陆。

（4）链路干扰：立即切换为自动驾驶，待进入有效控制距离后遥控着陆。

（5）GPS 信号干扰：切换为遥控着陆。

（6）起飞阶段空中气象突变：立即遥控着陆回收。

（7）地面气象突变：保持空中飞行，待地面气象条件好转后回收。

（8）场地条件变化：保持空中飞行，待场地条件好转后回收。

（9）无法确切判断：保持飞机处于安全飞行状态（一般情况下要切换为自动驾驶），然后着陆回收。

具体几种异常的处置如下。

（1）起飞或着陆时损坏。无人机起飞或着陆发生损坏时，首先要切断电源和油路，保持现场，待技术人员赶到后做现场分析，拍照摄像后方可转移飞机。

（2）飞丢。如果无人机处于遥控状态要立即切换到自动驾驶状态；如果无人机处于自动驾驶状态时要马上记录飞机最后的 GPS 地理位置；如果无人机处于近海范围，则组织人力带好相关设备工具按飞行预定航线寻找，着重在最后记录点方圆 2 km 范围之内寻找。

（3）坠毁。如果无人机坠毁在陆地，到达坠毁地点首先要排除安全隐患（切断电路、油路），然后保持原貌，等待相关技术人员做现场分析并记录，拍照摄像后拆除贵重设备和未损伤器件，最后清理残骸。

（4）损坏建筑物。首先要排除安全隐患（切断电路、油路），保持原貌，等待配合警务人员做相关处理，然后由相关技术人员做现场分析并记录，拍照摄像后拆除贵重设备和未损伤器件，最后清理残骸。

（5）伤人。第一时间抢救伤员，同时排除安全隐患（切断电路、油路），保持原貌，等待配合警务人员做相关处理。

3.2.3　数据处理

无人机影像数据处理流程包括空中三角测量、数字高程模型生产、数字正射影像图制作、成果检查等，如图 3.7 所示。

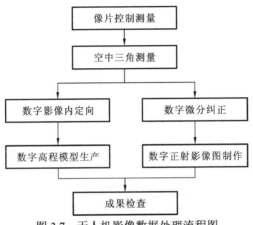

图 3.7　无人机影像数据处理流程图

1. 像片控制测量

无人机航拍像控点的布设采用区域网布设，选刺执行《1：500　1：1 000　1：2 000 地形图航空摄影测量外业规范》（GB/T 7931—2008）和《低空数字航空摄影测量外业规范》（CH/Z 3004—2021）；像控点的测量执行《全球定位系统实时动态测量（RTK）技术规范》（CH/T 2018—2019）。

1）像控点布设

（1）像控点根据摄区范围和比例尺要求进行全区统一布设。布设方案有两大类：一类是航带法布点，常用的有六点法、八点法、五点法、九宫格法等；另一类是区域网布点，常用方法是区域网四周布设平高点，中间区域布设少量高程点。无论采用哪种布设方案，所布点应能有效控制整个成图范围。为确保精度，摄区区域网角点可采用双点布设，测量时两人一组分别负责刺点和检查，以避免点位刺错等问题。除此之外，每个区域网内检查点数量一般不少于两个。

（2）编号规则如下。

①平高点用字母 P 表示，高程点用字母 G 表示，检查点用字母 J 表示。

②编号原则为"字母+序号"，序号一般为 4 位，从 1 起编。如第一个平高点编号为 P0001、第一个高程点编号为 G0001、第一个检查点编号为 J0001。

（3）像控点一般在航飞前布设，布设完成后，需绘制布点示意图供内业使用。

2）点位选取

（1）应选择能长久存在的固定标志物，不能选择临时置放或易于挪动的物体。

（2）应选择有尖锐拐点、角点、交点、顶点的位置作为标志物，标志物尺寸至少大于 0.7 m，便于影像识别及后续刺点。

（3）选点要避免受到阴影、相似地物、大面积镜面反射（如水体）等因素影响，远离大功率无线电发射台（如电视台、微波站等）和高压输电线，并尽可能确保标志物与周边地物形成明显反差。

（4）选点要注意点位高程，尽可能选择高程变化不大的位置。如果选定像控点与基准面明显不在同一平面，或点位周围不等高，均应标注比高值（量注至 0.1 m）及比高量注位置。如图 3.8 所示，实地照片自南向北拍摄，像控点布设于房屋东南角上，房高3.8 m。此时像控点高程应是房角高程，平面位置是房角外角位置，外业时均需注明位置及房高。

图 3.8　外业接收机位置照片

（5）观测时要拍摄现场照片 2～4 张，应包括远景和近景照片，以辅助内业刺点。

3）刺点及整饰

（1）像控刺点及整饰一般采用电子记录，方便存管和使用。

①在有重叠的多幅影像之中选择对比度最好、质量最清晰的像片。在选定的像片上找到外业注明的相应位置，注意选点精度，然后用红色十字标记。以十字标记为中心，固定像素大小（256 像素或 512 像素等）对点位进行截图。

②位置描述要明确说明选点地物及其与周围地物的相对位置关系，文字简洁、准确，不能有歧义。有高程差的，应注明比高（表 3.7）。

（2）需有作业检查，且检查者与刺点者一样，必须注明姓名和日期。

表 3.7 像控点点之记

像控点点号			所在影像号			
平面坐标	$X =$	$Y =$	$H =$		观测方式	
刺点人员	刺点日期	检查人员		检查日期		
所在地						
概略点位图			点位略图			
			点位详细图			
位置描述:						

4）像控点测量

像控点测量采用连续运行参考站（continuously operating reference stations，CORS）或 GPS-RTK 进行测量。

2. 空中三角测量

空中三角测量主要完成空中三角测量的匹配、量测、平差等工作。

1）空三加密精度要求

内业加密点区分平地/丘陵和山地，有明确的平面和高程精度要求（中误差），对最近控制点的误差不得大于航摄空三加密精度指标的规定（表 3.8）。

表 3.8 航摄空三加密精度指标

类别		平面精度/m	高程精度/m
平地/丘陵	定向点	0.6	0.4
	检查点	1.0	0.6
	公共点较差	1.6	1.1
山地	定向点	0.8	0.9
	检查点	1.4	1.5
	公共点较差	2.2	2.4

2）空三作业要求

（1）空三作业前全面核查前期资料和外业成果，检查航飞方案确定加密区情况，检查影像数量、质量和控制点情况等。

（2）检查航片畸变差改、相机文件和控制点文件等资料和数据的正确性，其中相机内方位元素应为航摄单位鉴定结果。

（3）控制点文件应能覆盖整个加密区，加密过程要认真仔细，确保准确。在地形图上提取控制点，要提取地形特征明显的区域，这样方便在影像中找到相应的点位。

（4）像控点量取要细致，因像片间重叠度大、单点覆盖多图，要避免错漏，作业时一定要有两人进行互检。

（5）量测完成后进行最终的平差解算。平差解算超限的要仔细分析，查找错误出现的原因，是个别点的高程超限，还是个别点的平面位置有误，逐一解决问题，并再次解算，直到满足精度要求为止。

3）内业加密点的分布要求

设定自动选点的点位分布方式和精度阈值，加密点要尽量均匀分布于整个测区范围，确保构网稳定性和强度，航带中每张像片的连接点应不少于 3 个。

3. 数字高程模型生产

1）一般要求

（1）根据 DEM 分辨率确定格网间距。

（2）格网点高程以米为单位，保留两位小数。

（3）特征线（如山脊线、山谷线、河流边界线、地形变换线等）连续不能断开，特征线之间不能相互交叉和重叠，高差大于 2.0 m 时需画出特征线。

（4）图上宽度小于 2 mm 的线状地物可不表示（防洪堤除外）。

（5）图上面积大于 1 cm^2 的纹理不清晰或没有明显特征的区域（如湖泊、沙漠等），控制点匹配不是地面正确位置的区域（如森林、灌木丛、云区、高层建筑密集区等），需要人工编辑。

（6）对作业区进行拼接，保证自由边和接边精度。

2）DEM 生产流程

利用外业摄取的原始航拍影像、测量的像控点数据等进行空三加密，解算所有像片的外方位元素和加密点坐标，基于立体模型自动生成 DEM。DEM 生产流程如图 3.9 所示。

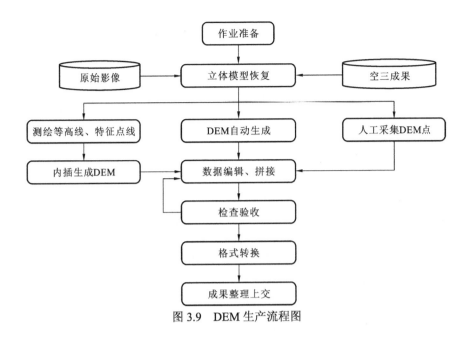

图 3.9　DEM 生产流程图

3）DEM 生产步骤

空三加密完成后，即可进行数字地形模型（digital terrain model，DTM）匹配、编辑及滤波处理（目的是去除所有建筑物和植被）。主要步骤：首先生成核线影像，进行各模型的 DTM 自动匹配及大区域 DTM 的拼接；然后对大区域 DTM 进行自动滤波，检查自动滤波效果，对自动滤波未达到要求的，辅以少量人工局部滤波，完成大区域 DEM 的制作。

（1）DTM 匹配。按《基础地理信息数字成果 1:500、1:1 000、1:2 000 数字高程模型》（CH/T 9008.2—2010）等标准中的相关要求，通过数据处理软件进行匹配，生成 DTM（图 3.10），再对 DTM 进行人工编辑、格式转换得到最终的 DEM。

（2）DEM 编辑。导入 DTM 数据，逐模型检查，并通过量测特征点和特征线进行高程编辑。其中，主要量测的特征点包括凹地、山头、鞍部等，主要量测的特征线为山谷、山脊、河堤、道路、坎等。一般要求同名点高程误差不大于 2 倍高程中误差。编辑后的 DEM 效果图如图 3.11 所示。

（3）DEM 分幅裁切。按相关标准进行标准分幅裁剪输出。

（4）数字高程模型的检查。主要有两种检查方法，一是基于空三加密点进行高程值检查，二是采集等高线检查是否有高程值突变。

（5）DEM 数据的存储格式。DEM 数据以 ASCII GRID 格式存储、提交。

4. 数字正射影像图制作

1）数字正射影像图制作技术要求

（1）输入 DEM 及航片，利用数字微分纠正生成正射影像，可根据情况适当放大 DEM 网格间距进行生产，避免局部形变。

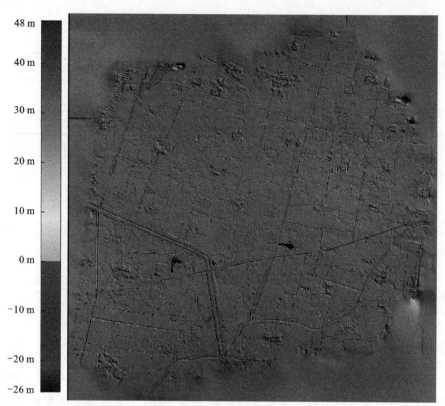

图 3.10　DTM 匹配效果图

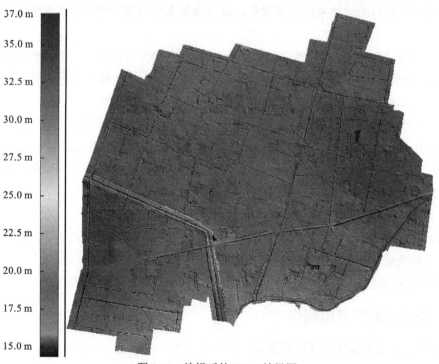

图 3.11　编辑后的 DEM 效果图

（2）影像应保持原始像片清晰度，像片之间的色彩和色调应协调统一，减少像对间、相邻像片间的色彩差异（张海波，2014）。

（3）应保证测区内所有接边精度，为避免边缘形变影响，无论是像对间还是相邻像片间都尽量选择重叠区域的中间部分，接边重采样后不能有模糊、重影等明显处理痕迹。

（4）精度要求参照《基础地理信息数字成果 1:500、1:1 000、1:2 000 数字正射影像图》（CH/T 9008.3—2010）。例如，1:1 000 比例尺的数字正射影像图平面位置相对精度不应大于表 3.9 的规定。个别困难地区精度要求可放宽一倍。

表 3.9　数字正射影像图影像平面位置相对精度　　　　　（单位：mm）

比例尺	平地、丘陵地	山地、高山地
1:1 000	0.6	0.8

2）DOM 生产流程

基于空三成果和 DEM 数据，对测区内影像进行相关定向建模，生成核线影像。通过影像控制点匹配和数字微分纠正对影像进行重采样，消除倾斜摄影和地面起伏等引起的明显失真，生成单片正射影像。对所有单片正射影像进行镶嵌、匀光匀色、裁切等处理，生成标准分幅测区正射影像图（曲莉莉，2021）。DOM 生产流程如图 3.12 所示。

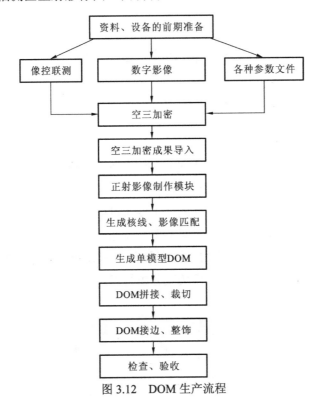

图 3.12　DOM 生产流程

3）成果检查

（1）检查整个图幅内不能有影像遗漏、重采样丢失数据情况，可将成果数据与 DOM、

DEM 数据进行叠加，检查完整性，如果有错漏应及时修补。

（2）检查镶嵌后重叠区域，不应有镶嵌线贯穿高层建筑而导致明显扭曲形变或相互遮盖问题。

（3）检查图像分幅和整饰质量，内容是否正确、信息是否完整、属性是否一致。

匀光、镶嵌后 DOM 如图 3.13 所示。

（a）整幅影像　　　　　　　　　　　　　　　（b）局部细节

图 3.13　0.1 m 高分辨率影像效果图

3.3　地网视频数据

3.3.1　地面视频数据

视频监控数据主要通过网关（图 3.14）从标准数据接口汇聚各个系统的视频分析结果，实现大规模流式视频分析结果的自动汇聚和标准化处理。视频大数据汇聚网关主要解决两个问题：一是大规模特征汇聚问题，主要通过前端视频特征分析压缩引擎，提取并压缩编码的视频特征流，并汇聚到云服务器，在此基础上开展大数据分析与检索；二是依托相关视频图像结构化标准，将现有视频图像分析设备/系统输出的中间与最终分析结果等信息汇聚到云服务器，做进一步关联分析与深度挖掘。

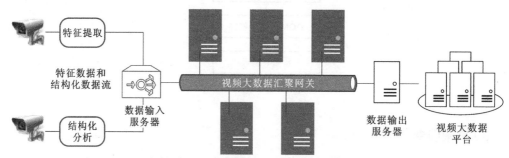

图 3.14　地面视频大数据汇聚网关部署图

在系统部署过程中，数据输入服务器与各类视频特征提取和内容分析前端进行对接，根据商定的数据接口方式和数据格式进行数据获取，并由视频大数据汇聚网关进行标准化处理和共享输出，输出的特征数据和结构化数据与后台大数据平台进行对接，以支持后续关联分析等各类应用。

（1）结构化分析系统：用于对原始视频数据进行特征提取和结构化分析，输出视频特征数据和结构化分析数据。

（2）数据输入服务器：与各类结构化分析系统进行对接，主要根据商定的数据接口方式和数据格式，对数据输入进行接收，并进行消息处理和请求分发。使用独立服务器，同时采用大数据架构，以应对高并发视频数据的请求。

（3）视频大数据汇聚网关：主要用于对采集到的各类结构化描述数据进行实时流式处理，进行数据的辨析、抽取、标准化等处理，并输出可共享标准化数据。按照研发中期单台服务器处理不少于 100 路视频汇聚计算，通过进一步优化和并行扩展，实现 1000 路视频大数据实时汇聚（视频大数据汇聚网关以集群形式提供服务，集群内单台服务节点的平均处理能力为 300～400 路流式视频特征数据的汇聚和标准化处理）。

（4）数据输出服务器：利用大数据存储与管理技术将视频大数据汇聚后的标准化数据进行过程存储，并进行标准化数据的输出。

图 3.15 为地面视频数据处理流程图。

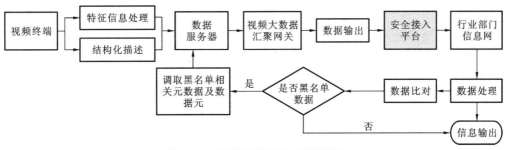

图 3.15　地面视频数据处理流程图

视频监控数据首先由视频终端采集，再经过特征信息处理和结构化描述进入数据服务器，然后由视频大数据汇聚网关通过数据接口以标准格式将其导入，实现大规模流式视频分析结果数据的自动汇聚和标准化处理，最后传输至数据输出服务器。需要说明的是，由于视频专网未部署在行业部门信息网，数据在进入行业部门信息网之前还需要经过安全接入平台流转。在数据处理过程中经过比对分析，如果发现黑名单数据，则及时从数据输入服务器调取黑名单相关元数据及数据元，以便获得黑名单更详细的信息，然后输出。

3.3.2　网络信息数据

网络信息数据是指互联网、局域网、涉密网等相关网站在允许范围内公开发布的信息，包含文本信息、图像数据、音频和视频数据、点对点即时通信信息等，可分为结构化、半结构化及非结构化三种数据类型。采集方式主要有三种。

1. 系统日志采集

许多公司、单位部门的业务平台每天都会产生大量的日志数据，用于记录平台软硬件运行信息、业务交互情况、用户访问情况、系统安全问题等信息。目前常用的开源日志收集系统或软件工具有 Apache 的 Flume、Facebook 的 Scribe、Hadoop 的 Chukwa 及 Linkedin 的 Kafka 等，能够为日志的分布式收集、实时采集和统一处理提供一个可扩展的、高容错的解决方案。

2. 网络/网页采集

网络采集是指通过网络爬虫或网站公开 API 等方式主动、定期、有针对性地从网站信源处提取所需最新信息，不用远程到信息源采集，具有明显的自动化、本地化、集成化等特点。这种类型数据采集方式可以支持各类数据内容和格式，包括图像、图片、音视频及网络流量等，且能实现文件和数据之间自动关联、同步采集。

3. 数据库采集

数据库是存储、组织和管理日常业务数据的最有效手段，目前所有系统、平台都会采用数据库系统进行数据存管，常用的数据库系统包括 MySQL、Oracle、NoSQL 等。基于数据库进行信息采集具有多平台、多类型采集优势，最主要的是能实现全量采集，非常高效。

网络信息数据处理流程如图 3.16 所示。

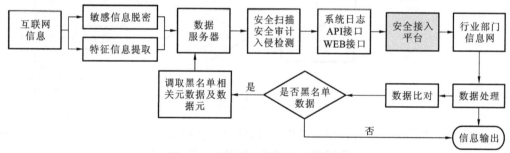

图 3.16　网络信息数据处理流程图

互联网信息经过特征信息提取，其中的加密信息需要经过脱密，到达数据服务器，由于互联网信息安全等级低，需要经过安全扫描、安全审计、入侵检测等防病毒处理，然后通过系统日志或 API 接口或 WEB 接口获取互联网信息，到达行业部门信息网之前要通过安全接入平台，最后进入大数据平台。在数据处理过程中经过比对分析，如果发现黑名单数据，则及时从数据输入服务器调取黑名单相关元数据及数据元，以便获得黑名单更详细的信息，然后输出。

3.3.3　地理信息数据

地理信息数据处理流程如图 3.17 所示。

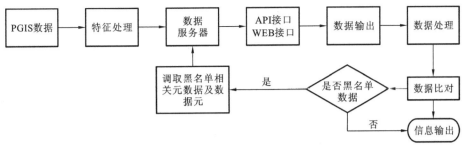

图 3.17　地理信息数据处理流程图

行业部门信息网的 PGIS 数据经过特征信息提取，到达数据服务器，然后通过 API 接口或 WEB 接口将数据输出。在数据处理过程中经过比对分析，如果发现黑名单数据，则及时从数据输入服务器调取黑名单相关元数据及数据元，以便获得黑名单更详细的信息，然后输出。

数据调用方式为数据库调用或通过接口调用。

3.3.4　业务信息数据

业务信息数据处理流程如图 3.18 所示。

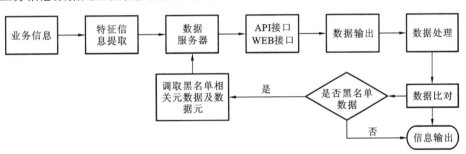

图 3.18　业务信息数据处理流程图

行业部门业务信息经过特征信息提取，到达数据服务器，然后通过 API 接口或 WEB 接口获取输出。在数据处理过程中经过比对分析，如果发现黑名单数据，则及时从数据输入服务器调取黑名单相关元数据及数据元，以便获得黑名单更详细的信息，然后输出。

3.4　数据服务模式

基于数据保障过程及任务执行的紧急程度来制订相应的数据服务模式，可设计为常规服务模式、应急服务模式和专项服务模式。

常规服务模式是日常运行的服务模式，应对日常工作需求。对于卫星遥感数据，当无明确的任务指令时，通过定期主动推送编目信息的方式，完成日常获取数据信息的发布。当有明确任务指令信息时，根据任务要求，正常推演规划、检索查询，提供最近的历史存档标准景产品、新编程任务规划及标准景产品，保障按需为用户进行标准景产品的生产和提供；对视频、业务数据 7×24 h 实时采集更新，以便对重点监控区域进行智能化分析处理。

应急服务模式则是以快速获取为目的，应对突发状况，需要在最短时间内调动所有可用和有效的资源。对于卫星遥感数据，在有明确的加急任务的前提下，一方面可通过系统配置，提高优先权限；另一方面完成与其他任务的冲突消解，及时调整卫星轨道或姿态安排拍摄任务，及时获取数据/信息服务，并简化相应处理流程。同时根据具体资源类型、产品等级及时间、区域等需求，由系统后台配置实现自动分发服务；对于无人机数据，应急提交空中飞行申请，完成飞行任务和数据的下传处理；对于视频和业务数据，需要调动突发事件所在地范围内的所有视频采集设备，并根据需求调整视频采集的角度和焦距，全方位对事件进行监控，同时调动智能分析资源，根据事件性质，实时分析相关人、车、物，对事件进行追溯、分析和发展预测。

专项服务模式则是以专项任务输入为核心，持续对某一地区或某一时间进行跟踪，对于遥感数据，任务有明确的时间周期、频次、区域及载荷要求，具有阶段性，需要专项人力资源来进行资源协调、规划、跟踪和闭环；对于新编程数据，逢过必照，保障对点目标的持续观测，或保障对区域目标的覆盖观测；对于公安数据，则需要调动相应的视频设备和特定时间段的视频、业务数据，并采用特定业务模型进行智能分析，以求达到任务目标。

第4章　安全性分析及安全体系设计

经过对天空地海量多源异构数据的多方采集、处理和存储,数据资源储备得到了一个很好的汇聚架构设计,然而如何保证这些数据从源到流的安全性是实现数据使用可靠性的关键。本章将根据数据的不同来源,结合天空地多节点的异构在线系统特点,开展数据网络系统的安全等级分析;针对不同网络系统数据的安全性分析结果,参考相关的管理规定、管理措施和建设方法,实现不同安全等级的安全体系架构设计;针对数据传输中的专线、航空数据链、互联网、视频专网及行业部门信息网等多数据链来源,研究多数据链智能组网技术和分布式数据总线服务技术,建立天空地分布式管理系统实时数据服务总线;最后通过复杂组网设备与分布式数据服务总线相连,安全接入不同网络系统来源的多源异构数据,最终形成多源异构数据跨系统协同管理能力,以及以行业部门信息网为核心,安全汇聚国家、公安和公共网络等信息资源的复杂组网安全体系。图4.1所示为多源异构数据系统复杂组网安全体系建设技术途径。

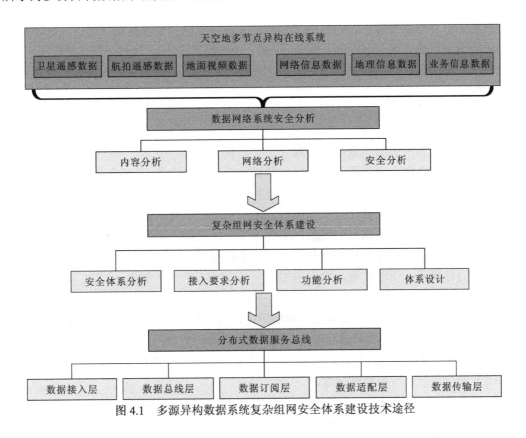

图 4.1　多源异构数据系统复杂组网安全体系建设技术途径

4.1 网络及数据安全分析

4.1.1 网络安全分析

1. 网络安全概念

网络安全，从广义上来讲，包括网络安全和信息安全两大内容，强调的是网络中的信息和资源的可靠性使用，网络资源不被侵扰、破坏，可连续正常工作，网络信息不被非法用户访问、使用、泄露及篡改等，可安全使用和交互（刘云龙，2008）。其核心本质是网络中的信息安全（张磊，2011），保护数据从生产、传播到使用全生命周期都是真实的、保密的、可靠的。

2. 网络安全存在的问题

网络安全问题是世界各国都面临的严峻挑战，考虑成因，可以从自然因素和人为因素两个方面进行分类。

1）自然因素或偶发因素引起的网络安全问题

自然因素或偶发因素引起的网络安全问题是网络设施和计算机系统的建设区域或应用区域因遭受自然灾害（如地震、水灾、风暴、建筑物破坏等）、环境破坏（如机房失火、线路故障、电力短缺、电磁环境干扰、渗水潮湿等）等引起硬件设施损毁、设备机能异常等故障。

2）人为因素引起的网络安全问题

（1）基础设施网络安全及应用问题。

基础设施网络安全及应用问题主要包括操作系统自身问题、系统中的安全配置问题、应用软件使用问题等。任何软件、硬件系统都不是全能的，研制建设时都是以解决正常使用的关键技术难题为主要目标，使用过程中，只要处于网络化应用或存在数据交互，不是全封闭状态，就会面临安全威胁。小到一个硬件设备，大到软硬件集成系统，会因为信息传输、频繁交互等被植入木马程序、感染病毒，会因系统漏洞、缺少安全防护措施，造成病毒传播、问题扩散、隐患增加。

（2）网络黑客攻击威胁问题。

网络化信息时代，最大的威胁来自网络黑客，他们会非法监听用户信息、用病毒进行垃圾信息轰炸、找到系统漏洞进行攻击、篡改网站欺骗用户使用、放置木马程序截获他人资产等，这些主动攻击手段针对性极强、破坏性极大，一旦发生作用，危害非常大。

（3）安全意识和防范机制问题。

整体来讲，人们的网络安全防范意识还不强，对可能存在的网络安全风险认识不清，无论是系统建设还是个人设备使用等方面都无法做到风险防控意识深入人心、防范措施入脑，日常杀毒、数据和系统备份、密码设防、防火墙使用、系统漏洞升级等方面需要加强（朱建忠，2009）。

4.1.2 数据安全分析

为了完成可信的安全体系架构，对系统内的信息数据进行清晰透彻的分析是保障体系完备性的关键。根据数据内容的特点，对需要汇聚管理的数据（包括卫星遥感数据、航拍遥感数据、地面视频数据、网络信息数据、地理信息数据和业务信息数据等）进行业务分类，如表 4.1 所示。

表 4.1 卫星数据安全特性分析

数据类型		数据安全性	数据特点	业务数据分类
卫星遥感数据	光学卫星 SAR 卫星	中	大容量数据文件，在传输和交换过程中必须严格保证数据的完整性、正确性，由于数据容量较大、传输时间较长，中间可能发生网络中断或服务暂停等异常情况，在传输和交换服务设计上要支持断点续传等保护机制	文件数据
	光学卫星 视频卫星			
航拍遥感数据	影像（可见光、红外、SAR）	中		
	视频（可见光、红外）		在传输过程中必须严格控制延迟、抖动和误码率等关键性能，以满足人的视听感官要求	流媒体数据
	目标航迹		容量小、频次高，需要及时处理传输，对可靠性的要求相对较低	实时数据
	飞行航迹			
	文字报文		具有一定可靠性要求的即时短数据报文，根据业务需求，系统可以自动设定重传次数及间隔，以满足航空数据链的窄带通信链路的传输特性	近实时数据
地面视频数据	卡口车辆身份、通行数据	中	在传输过程中必须严格控制延迟、抖动和误码率等关键性能，以满足人的视听感官要求	流媒体数据
	闸机行人身份核验数据			
	重点场所人脸数据			
地理信息数据	基础影像（关注区域 0.8 m 分辨率影像）	低	独立（一次性拷贝）	—
	地形高程（DEM 30 m 格网）			
	城市交通 PGIS	高	频次高，需要及时处理传输，对可靠性的要求相对较低	实时数据

数据类型		数据安全性	数据特点	业务数据分类
网络信息数据	文本信息	低	在传输和交换过程中必须严格保证数据的完整性、正确性，传输过程可能发生网络中断或服务暂停等异常情况，因此在传输和交换服务设计上要支持断点续传等保护机制	文件数据
	音频		在传输过程中必须严格控制延迟、抖动和误码率等关键性能，以满足人的视听感官要求	流媒体数据
	视频			
	图片			
业务信息数据	人员信息	高	在传输和交换过程中必须严格保证数据的完整性、正确性，传输过程可能发生网络中断或服务暂停等异常情况，因此在传输和交换服务设计上要支持断点续传等保护机制	文件数据
	车辆信息			
	机构信息			
	案件信息			
	物品信息			
	轨迹			
	接处警			
	重大事件情报			

4.1.3 系统网络分析

分析了数据的内容特点并进行按需归类后，完成对承载这些数据的系统的分析也是十分必要的。子系统体系异构意味着网络安全措施需要多样化才能满足大系统的安全需求。由于现役运行系统的建设时间、用户需求、技术思路存在差异，各部门数据所处的系统按照各自的应用需求建设，与云平台等新技术应用程度差异大。且需要互联的天空地多节点异构在线系统的体系结构差异较大，数据又分布在不同安全等级的网络体系上，既要考虑跨网传输的问题，又要确保系统稳定可靠、安全保密，存在跨安全等级网络链接交互的管理问题。

天空地多节点异构在线系统有不同的结构特点和架构方式。各异构在线系统通过系统接口，按照系统管理赋予的权限，以及数据的标准格式和安全保密规定，获得满足权限要求的系统数据信息支援，采用专线、航空数据链（部署单收站）、视频专网、安全网关的 WEB 接口、内部拷贝或者可以公开的数据信息通过公网等方式实现网络互连。

4.1.4 安全等级定义

通过以上对系统数据和网络的深入分析，对系统接入方式的多样性、数据安全性的不统一有了一个更全面的认识。多种类型的在线系统相互独立、自成体系，各种现役系统实现数据接入的方式又包括数据链链接、专线链接和网络连接等多种方式，接入数据有的安全性较高，需要经过脱密数据才能融合应用，有的虽然属于非涉密数据，但涉及个人隐私，需要安全保障，不同管理部门规定的数据安全性不统一，因此容易造成管理难题。再加上数据涉及多个部门，分散于众多既有在线系统，自成体系，将种类丰富的大数据以一种新的姿态去极大限度地发挥对公共安全事件智能感知的支撑作用是很难的，这就需要形成以下共识，作为整个复杂组网安全体系和多源异构数据跨系统协同管理的实际约束。

（1）系统接入方式分为数据链链接、专线链接、专网链接、网络连接和其他 5 类，分别用 A、B、C、D、Z 定义；再用具体的值描述某一个链接。

（2）根据不同网络信息系统在国家安全、经济建设、社会生活中的重要程度，分析考虑信息系统遭到破坏后对国家安全、社会秩序、公共利益及公民、法人和其他组织的合法权益的危害程度等因素，按照《信息安全等级保护管理办法》规定，将网络系统安全保护等级划分为五级。

信息系统受到破坏后，受影响严重程度从第一级开始依次增加。第一级，主要损害公民个人或其他组织合法权益，但不损害国家安全、社会秩序和公共利益。第二级，会损害社会秩序和公共利益，但不损害国家安全。第三级，会对社会秩序和公共利益造成严重损害，或对国家安全造成损害。第四级，会对社会秩序和公共利益造成特别严重损害，会对国家安全造成严重损害。第五级，会对国家安全造成特别严重损害。

通过对数据进行不同安全等级的分门别类，对不同的接入方式作出有效的定义，可以得到一张完备清晰的安全网络设计图谱。

对不同数据系统的网络安全等级进行界定：卫星遥感数据所处网络安全等级为二级；无人机侦察系统网络安全等级为二级；地市级一体化视频信息指挥调度系统网络安全等级为二级；公网系统网络安全等级为一级；警用地理信息系统及警务信息综合应用平台直接部署在行业部门信息网内部，网络安全等级为三级。

4.2 复杂组网安全体系设计

4.2.1 复杂组网安全体系架构

经过一系列的前期分析，针对各个子系统数据和系统网络的安全等级特点，结合国家安全标准体系与相关的管理制度及安全运行管理的保障措施，形成复杂组网安全体系架构，如图 4.2 所示。

复杂组网安全体系架构是在一系列安全标准体系和管理制度的支撑下形成的，通过不同网络之间跨网系安全交互及信息接入设计，在数据传输层和应用服务层实现安全有效交互，接入网关和信息枢纽通过软件技术和硬件装备同步实现分节点在线系统数据的安全传输及协同管理。最终实现国家、军队、公安和公共网络信息资源的协议解析、安全检测和内容审计，为公安大数据应用系统接入多源异构大数据信息提供支撑。

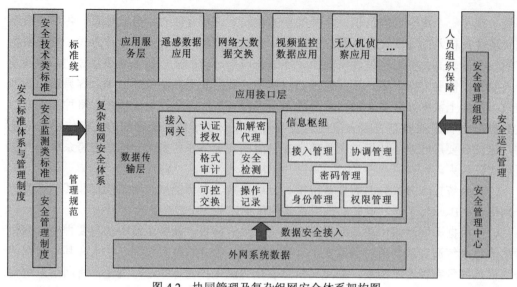

图 4.2 协同管理及复杂组网安全体系架构图

4.2.2 跨网系统数据接入要求

根据数据的管理和建设方法,同时从数据的系统安全性考虑,行业部门信息网内部数据安全性较高,直接部署在行业部门信息网内部;部分数据敏感性较高需要通过专线引接到行业部门信息网;地面视频数据安全性一般,考虑数据的管理机制,地面视频数据可以通过视频专网接入行业部门信息网。

数据资源涉及行业部门信息网、视频专网、公网、航空数据链及专线,安全等级以行业部门信息网最高,网络安全等级为三级;专线、视频专网和航空数据链次之,网络安全等级为二级;公网最低,网络安全等级为一级。各类数据资源与网络的关系如表4.2所示。

表 4.2 数据资源与网络关系

数据类型	传输网络	说明
遥感卫星数据	专线+安全边界	数据可以通过专线方式传输至目的地,再通过技术手段导入行业部门信息网,达到从安全等级较低的网络向安全等级较高的网络传输数据的目的
航拍遥感数据	互联网+安全边界	通过航空数据链实时下传,根据用户需要可通过公网方式传输至用户端,网络等级要求较低
地面视频数据	视频专网	社会面监控等数据来源于视频专网,网络安全等级要求一般
基础影像	拷贝	地理信息中基础影像和地形高程数据属于平台底层的支撑数据,可以直接安装拷贝到行业部门信息网
城市交通 PGIS	行业部门信息网	部署于行业部门信息网,可直接调用
网络信息数据	互联网+安全边界	来源于互联网,安全性要求较低
业务信息数据	行业部门信息网	来源于行业部门信息网,安全性较高

4.2.3 接入网关及信息枢纽技术

1. 接入网关基本方式

对数据类型的分析有助于完成共享数据筛选，对外接网关的分析是设计数据处理机制的关键，更是保证数据接入安全的核心要素。完成外接网关的接入需求分析是安全体系外围设计是否合理的重要环节。针对外接网关的接入方式、地址关系等，对组成外围网关的子系统进行分析。

接入网关根据系统网络安全情况，通过多种方式接入数据总线，通过数据单向传输实现物理隔断的逻辑链接，将子系统地址映射到复杂组网安全体系地址空间，实现子系统与安全性多源异构数据管理平台互联，通过单向传输机制实现子系统原始数据、元数据和目录数据与多源异构数据管理平台的互通。

所有接入网关必须能够符合其属性定义及接入方式，并能够接受信息枢纽的管理，接收信息枢纽发出的信息获取、信息调度和管理等数据。

2. 接入网关设计要求

接入网关作为复杂组网安全体系信息枢纽与各种不同安全等级的网系、不同接入方式的系统和不同安全性数据源之间的中间件，为各种不同安全等级的网系、不同接入方式的系统和不同安全性数据源提供接入复杂组网安全体系的手段，实现各种不同安全等级的网系、不同接入方式的系统和不同安全性数据源和信息枢纽间的端对端能力。

接入网关要综合考虑并解决不同网络安全等级、不同数据安全等级、不同系统和数据源在数据汇聚时的信息枢纽问题。需要对跨网系安全交互、接口通信、接入方式、交换格式等进行分类、研究，形成接口控制规范。根据接口描述标准，对复杂组网安全体系接入过程建立标准配置信息、标准接口组件库，从而形成复杂组网安全体系接入网关资源环境，通过复杂组网安全体系接口过程规范，实现对接口过程的统一管理和控制。

3. 信息枢纽业务建模

接入网关要研究各种数据系统来源的数据信息接口，包括公安大数据体系公共安全事件智能感知与理解业务过程建模，对优化的业务过程的分析和抽象，可以确定公安大数据体系公共安全事件智能感知与理解业务应用需求规范。

在业务建模过程中，选取公安大数据体系公共安全事件智能感知与理解业务应用两种需要获得复杂组网安全体系支持的业务作为信息枢纽典型业务建模，以求优化获得统一的复杂组网安全体系接口，为确定整个接入网关的需求规范提供安全、保密、功能、行为和数据依据。

建立信息枢纽业务模型的目的是通过描述公安大数据应用单元在复杂组网安全体系支持下的业务规则、业务逻辑，了解接入网关和信息枢纽的结构及机制，确定业务运行模式；寻找出业务流程中包含的通过不同安全等级网系、不同接口方式的系统和不同安全性的数据流；确保客户、最终用户和开发人员对复杂组网安全体系的概念达成共识；对复杂组网安全体系应用业务过程进行规范、优化。这就是在企业资源计划（enterprise resource planning，ERP）中经常提到的业务流程重组（business process reengineering，BPR）。建立复杂组网安全体系应用业务模型时，主要描述业务功能和业务过程。业务功能使用 use case、use case diagram 来描述，业务过程使用 activity、activity diagram 描述。

接入网关和信息枢纽可以满足各子系统接入复杂组网安全体系的要求，满足局域网和公用网、专用数据传输网的不同接口要求，适配传输设备规约及数据交换格式的接口要求，将各种安全性的数据源及其他信息处理系统等有机地接入复杂组网安全体系。

接入网关和信息枢纽的主要功能如下。

（1）认证授权：通过数字签名机制对进入公安大数据应用系统的国家、军队、公安和公共网络信息资源进行认证和授权。

（2）加解密代理：通过代理软件对接入内网的卫星遥感数据、航空无人机遥感数据、地面视频传感器数据及多时空地面网络化数据信息进行解密处理，能够将由内网向外传输的数据自动发送至相应代理，调用相应加密模块进行发送。

（3）格式审计：对进入系统的数据报文进行格式检测，可通过格式过滤条件设置，实现报文接入控制。

（4）安全检测：调用杀毒软件对文件类数据进行病毒查杀。

（5）可控交换：控制切断内外网间传输控制协议/网际协议（transmission control protocol / internet protocol，TCP/IP）通信。

（6）操作记录：记录并检索内外网间非实时类数据报文交换情况。

针对公安大数据体系中的异构在线系统的不同网络安全、系统安全和数据安全的安全性等级特点，形成的接入网关和信息枢纽体系结构如图 4.3 所示。

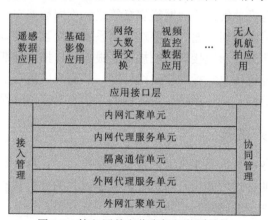

图 4.3　接入网关和信息枢纽体系结构

图 4.3 所示的协同处理过程主要是各个子单元之间的数据交互过程。不同类型的数据通过外网汇聚接口将数据汇聚到相应的汇聚单元，然后再通过不同的内网传输，分别将数据发送到相应的外网代理服务单元，外网代理服务单元通过内网类型再反馈给不同等级的隔离通信单元进行差异化隔离处理，隔离通信单元处理完毕后将数据送往内网代理服务单元，完成从外网到内网的数据跨越，内网代理服务单元会将隔离过的安全数据发送至内网汇聚单元。自此，数据通过多个单元的协同处理，安全从外网传送至内网进行进一步的数据处理。

整个架构采用开放式体系结构，区分内外网垂直划分 5 个相对独立的功能层，层层分离，独立部署，通过标准化接口实现相互调用和支持，具有以下特点。

（1）可扩充性：采用开放式体系结构，允许任意满足接口规范的系统数据应用加入，实体数据引用和系统接入都比较灵活，可满足大数据体系不断增长的需求。

（2）稳定性：为保证大数据应用的关键性指标——信息的时效性，采取直接数字合成器（direct digital synthesizer，DDS）机制，避免传递无用信息，提高通信的实时性，并避免接入大数据应用过多时的性能下降。

（3）迭代更新：开放式体系结构设计使各层的改进不会对其他层产生影响，确保多源异构数据跨系统协同管理及复杂组网设备具有支持技术的更新能力。

4.2.4 接入网关及信息枢纽设备

针对以上对复杂组网接入网关和信息枢纽的综合说明和关键点分析，以下将开展体系架构的详细说明和设计部署。

1. 功能与组成

接入网关和信息枢纽是一款集多源异构接入数据分析、物理隔离通信的综合业务通信设备，主要包括外网汇聚单元、外网代理服务单元、隔离通信单元、内网汇聚单元、内网代理服务单元、应用接口层、接入管理和协同管理。

（1）外网代理服务单元：完成外网的接入及外网数据的分析处理。

（2）内网代理服务单元：完成内网的接入及内网数据的分析处理。

（3）外网/内网汇聚单元：完成多路外网/内网接入功能。

（4）隔离通信单元：完成外网与内网之间数据的安全交换。

（5）应用接口层：提供应用服务相互之间数据交换及端对端能力的标准接口软件。具有下列特性。

①通用性：实现不同类别的大数据提供单元和大数据应用单元的互连互操作，支持多种大数据源的接入。

②对等性：支持对等模型的信息处理。在逻辑上，各大数据提供单元和大数据应用单元与应用接口层相连，形成一种星形结构；在物理上，应用接口层是分布式配置在不同位置的服务程序，多源异构数据跨系统协同管理及复杂组网设备时，各大数据提供单元和大数据应用单元只与本地的应用接口层进行数据交换，各地之间的数据交换由应用接口层自动完成。

③多用户：在对等模式下，各应用接口层都处于多用户的工作环境，既是客户机又是服务器，要求应用接口层必须具有相应的处理能力。

（6）接入管理：实现本地多个大数据提供单元和大数据应用单元的加入和退出，对多源异构数据跨系统协同管理及复杂组网设备的运行进行必要的监控，仲裁平台接入的大数据提供单元和大数据应用单元所提供的服务。

（7）协同管理：实现多源异构数据跨系统协同管理及复杂组网设备运行的创建和删

除，对多源异构数据跨系统协同管理及复杂组网设备的运行情况进行必要的监控，对分处异地的多源异构数据跨系统协同管理及复杂组网设备任务分配进行仲裁。

2. 组成单元设计

1）外网/内网代理服务单元

外网代理服务单元功能主要由病毒查杀、数字签名与签名认证、数据加解密、报文解析与深度查杀、外网名录映射、传输协议转换、日志记录等组成。

数据接入时，外网接入代理首先对接入数据进行病毒查杀，对杀毒处理后的报文进行数字签名认证与统一解密处理，如果通过认证且解密成功，对报文进行审计，只允许指定格式的数据报文接入，然后对外网接入报文进行统一的名录映射和传输协议转换并通过安全隔离模块接入内网接入代理。对处理过程的每一步均做日志记录。

数据输出时，负责通过安全隔离模块统一接收内网接入代理输出的公安数据，对其进行协议转换、目录映射，经审计通过的报文根据要求统一加密和数字认证后输出到外部网络。输出数据的格式也是由不同网络系统数据的数据类型元数据决定。

内网代理服务单元功能主要由病毒查杀、数据格式转换、数据接入、日志记录等组成。

数据接入时，通过安全隔离模块接入外网代理传输的数据、进行病毒查杀和相应的格式转换后，接入公安大数据业务局域网，并进行日志记录。

数据输出时，通过数据接入模块接入公安大数据业务局域网输出数据，对数据进行格式转换和病毒查杀后通过安全隔离模块输出到外网接入代理。

2）外网/内网汇聚单元

外网/内网汇聚单元采用三层数据转发技术，通过虚拟局域网（virtual local area network，VLAN）与路由技术对多路外网/内网进行汇聚，然后统一转发到外网/内网代理服务单元，外网/内网汇聚单元采用高性能嵌入式 PowerPC 处理器，硬件架构如图 4.4 所示，主处理器主要完成三层路由功能，二层数据转发交由包处理器进行。

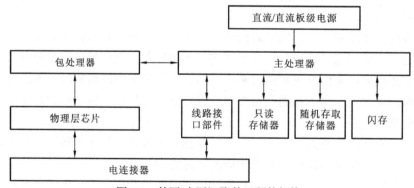

图 4.4　外网/内网汇聚单元硬件架构

3）隔离通信单元

隔离通信单元采用 2+1 架构和专用硬件隔离技术，系统硬件架构采用信任网络和非信任网络物理链路断开的高可靠性设计,内部特殊认证机制能保证硬件计算体系可信任,如图 4.5 所示。

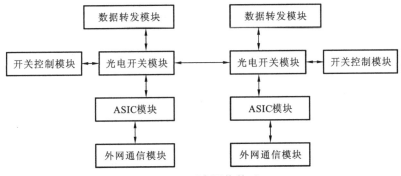

图 4.5　隔离通信单元

外网/内网通信单元采用专有工控主板设计,性能稳定、质量可靠,专用集成电路（application specific integrated circuit，ASIC）模块采用安全隔离芯片通过多线程并行固化处理将数据块转换为自有协议格式的数据包,交换芯片的数据转发模块和开关控制模块实现对数据的临时缓存和安全交换。

4）外网接入代理软件

（1）功能描述。外网接入代理软件通过可靠、实时服务等接收网络输入数据,对数据进行解密和安全检测后以内部格式传送到数据预处理单元。

（2）软件结构。外网接入代理软件结构如图 4.6 所示。

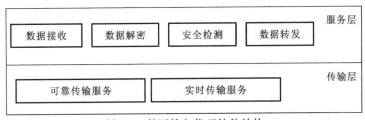

图 4.6　外网接入代理软件结构

传输层为可靠传输服务、实时传输服务等,为网络输入数据接入提供传输层支撑。

服务层为外网接入代理提供的服务,主要实现对网络输入数据的接收、解密、安全检测和数据转发。

5）数据预处理服务软件

（1）功能描述。数据预处理服务软件接收外网接入代理推送的网络输入数据,对网络输入数据进行报文格式审计,通过过滤条件设置,实现对符合格式要求的信息接入控制,将符合准入条件的数据以内部格式推送到内网接入代理;对处理过程进行日志记录。

（2）软件结构。数据预处理服务软件结构如图 4.7 所示。

服务层主要实现对网络接入数据的接收、格式检测、数据转发及处理过程的日志记录。

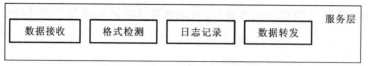

图 4.7　数据预处理服务软件结构

6）内网接入代理软件

（1）功能描述。内网接入代理软件接收数据预处理服务推送的业务数据，解析内部数据格式，将报文重新封装，发送到公安大数据内网。

（2）软件结构。内网接入代理软件结构如图 4.8 所示。

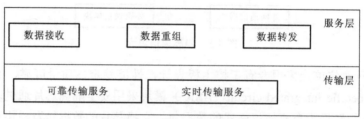

图 4.8　内网接入代理软件结构

传输层为可靠传输服务、实时传输服务等，为公安应用大数据接入内网提供传输层支撑。

服务层为内网接入代理提供服务，主要实现对公安应用大数据的接收、数据重组和转发。

3. 运行与管理

1）接入网关和信息枢纽运行

接入网关和信息枢纽运行管理服务包括协同管理及复杂组网安全体系运行的创建、删除、监控等操作。接入网关和信息枢纽加入协同管理及复杂组网安全体系运行前，协同管理及复杂组网安全体系必须存在，如果协同管理及复杂组网安全体系不存在，则信息枢纽需要首先创建一个协同管理及复杂组网安全体系，协同管理及复杂组网安全体系一旦存在，接入网关和信息枢纽便可按照协同管理及复杂组网安全体系应用有意义的次序加入或退出协同管理及复杂组网安全体系。

接入网关和信息枢纽管理服务至少包括以下 4 种。

（1）创建协同管理及复杂组网安全体系运行：实际上是定义协同管理及复杂组网安全体系的名称和给出一组初始化数据来初始化该协同管理及复杂组网安全体系的应用接口，这组初始化数据应包括以下 4 个方面。

①所有可能出现在协同管理及复杂组网安全体系中的应用名的集合。

②所有可能出现在协同管理及复杂组网安全体系中的参与交互的类的属性和交互类名的集合。

③每个属性和交互的传送方式。

④路径空间的名称和它的维数。

这组初始化参数规定了所创建的协同管理及复杂组网安全体系的规模,约束了参与协同管理及复杂组网安全体系的任务应用和交互的范围与特征。

(2)删除协同管理及复杂组网安全体系运行:删除指定名称的协同管理及复杂组网安全体系运行。在调用这个服务前,所有的接入网关和信息枢纽管理服务运行活动应停止,所有的任务应用已退出协同管理及复杂组网安全体系运行。

(3)加入协同管理及复杂组网安全体系运行:将任务应用连接到指定名称的接入网关和信息枢纽管理服务运行上。任务应用加入接入网关和信息枢纽管理服务运行后,将获得一个句柄,作为该任务应用在协同管理及复杂组网安全体系运行的标识。

(4)退出协同管理及复杂组网安全体系运行:用于任务应用退出协同管理及复杂组网安全体系运行。在退出前,该应用应释放所有的接入网关和信息枢纽管理服务运行资源。

2)接入网关和信息枢纽声明管理

声明管理机制要求各接入网关和信息枢纽向应用接口层声明它们预交互的信息和交互的传输类型。

声明管理过程至少包括下列服务。

(1)公布:任务应用通过应用接口向接入网关或信息枢纽公布预分发的对象属性和交互类。

(2)预定:任务应用通过应用接口向接入网关或信息枢纽预定预订购的对象属性和交互类。

(3)匹配:接入网关或信息枢纽应用接口匹配公布和预定的对象属性和交互类,并通过回调函数通知每个分发区域,表明分发区域的信息应该传递到哪些任务应用。

3)接入网关和信息枢纽所有权管理

所有权管理机制允许各任务应用之间对信息实体属性操作的所有权进行转移。

4)接入网关和信息枢纽时间管理

通过对接入网关与信息枢纽统一时间,保证接入网关与信息枢纽时间的一致性,有利于数据协调调度时接收特定时间的数据资源,进而对数据进行有效接收。

5)接入网关和信息枢纽数据分发管理

各接入网关和信息枢纽在声明管理服务中描述了各自发送和接收的数据,还定义了数据接收和发送条件,应用接口层根据接入网关和信息枢纽定义的接收和发送条件,对数据分发进行管理控制。

接入网关和信息枢纽接口之间的相互作用通过消息传递实现。在接入网关和信息枢纽运行时支持这些消息的传递。消息的传递涉及源和宿,当源预发送消息时,需要确定宿。确定宿的方式有以下三种。

(1)由源确定:确定后可用点对点方式来传输。

(2)由宿确定:广播式传输,由宿来确定自己是否为接收者。

(3)由第三方确定:采用这种方式有更强的柔性。有两种方法:一种方法是由第三方转发消息，即源将消息发送到第三方，第三方确定宿后转发给宿；另一种方法是第三方确定宿后，通知源哪些宿将接收它的消息，然后由源直接将消息发送给宿。

接入网关和信息枢纽主要采用第三种方式，同时将前两种方式作为补充。第三方在接入网关和信息枢纽中即为应用接口。

6）接入网关和信息枢纽应用接口的数据过滤

一个接入网关或信息枢纽只需要获得某些任务应用在某些时间段上的信息。相对于广播式传送，一个接入网关或信息枢纽所需要的信息可以在"时空"两方面加以限制：在"空间"上限制任务应用的范围，在"时间"上限制传送的区间。应用接口控制数据分发的基本思想就是：接入网关或信息枢纽使用公布和接收的概念来对需要接收的数据进行定向选择，使用路径空间的概念来进行定时选择。

（1）定向选择。应用接口保证一个任务应用只接收到订购主题的所有对象的属性和属于订购交互主题的所有交互，且不传送给任务应用没有订购的信息。

（2）定时选择。数据分发管理机制允许设置时间属性或某个属性的阈值来选择接收订购数据，即并不是任何时候都能传输订购任务数据，而是必须满足一定条件才可以。

（3）对数据分发机制的要求。应用接口将来自任务应用的消息分发给需要消息的其他任务应用，要保证大规模任务应用接入多源异构数据跨系统协同管理及复杂组网设备中时，任务应用只接收它感兴趣的消息，一方面可以减少任务应用要处理的数据量，另一方面可以减少网络上的数据传送量。数据分发机制是为了减少资源的消耗，或最大限度地利用资源。其设计应该满足以下情况。

①高效：数据分发本身要消耗一定的资源，其设计应保证消耗较低，至少不能超过它所能节约的资源。

②柔性：数据分发机制应能根据所处理问题的复杂程度、当前网络的带宽、网络上的信息量和属性所需要的存储空间的大小而灵活变化。

③正确易用的接口：功能有限但容易使用的接口比功能强大但难以掌握的接口更容易为用户接受。

（4）数据分发管理服务的接口。

①创建分发区域。从一个指定的路径空间创建一个分发区域。

②创建订购区域。从一个指定的路径空间创建一个订购区域。

③连接分发区域。将一个分发空间与一个指定对象的属性或一个交互主题相连接。

④修改区域。用于改变分发和订购区域的上下限。

⑤删除区域。用于删除指定的分发或订购区域。

7）接入网关或信息枢纽的数据分发框架

（1）分离路径的规划和数据发送。为了减少延迟和扩大通信能力，应用接口将在两个应用间建立路径与数据传输分开处理，即应用接口首先建立应用的通信路径，然后再发送数据。任务应用在能接收与发出数据之前，要通知应用接口感兴趣的主题、属性及分发与订购区域，应用接口据此来建立必要的连接通路。采用这种分离的方式可以提高性能，因为应用接口不需要对每个订购区域检查属性。

（2）使用代理。代理是软件实体，用来帮助任务应用处理一些事务，例如计算、通信和提供必要的数据。在应用接口的数据分发框架使用订购代理来管理任务应用的订购和确定必要的网络连接。

①任务应用将感兴趣的数据用主题、属性和路径空间的区域来描述。

②任务应用将上述信息通知应用接口的订购代理。

③各订购代理相互合作确定由数据源到数据宿的路径。

（3）数据分发框架。应用接口分发数据框架如图4.9所示。

①表达兴趣：应用接口通知多源异构数据跨系统协同管理及复杂组网设备希望接收与发送的数据，这些数据交给订购代理。

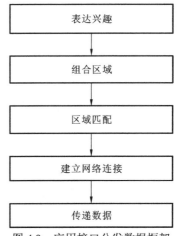

图4.9 应用接口分发数据框架

②组合区域：将若干订购区域和若干分发区域组合起来可以减少需要操作的区域数目，从而减少下一步匹配时计算量与通信量。组合工作由订购代理来完成。

③区域匹配：匹配是比较分发区域与订购区域是否重叠的过程。其结果是为每个分发区域产生一个宿应用的列表，表明分发区域的信息应该传递到哪些应用。

④建立网络连接：根据上面的列表产生相应的网络连接，如一个多址组的集合。

⑤传递数据：通过上面建立的连接来传递数据。

8）接入网关或信息枢纽的任务管理

任务管理服务包括任务的加入、删除及任务的运行监控等操作。任务应用资源的协调由人工预先设定。

9）接入网关或信息枢纽的消息机制

在接入网关或信息枢纽运行过程中，接入网关或信息枢纽的相互作用通过消息的传递和处理实现，消息传递用来描述接入网关或信息枢纽的相互作用，其最基本的描述是一个三元组(S, D, M)。其中S是发出消息的接入网关或信息枢纽，D是接收消息的接入网关或信息枢纽，M是被传递的消息内容。可以用(S, D, M)表示接入网关或信息枢纽S向接入网关或信息枢纽D发送消息M。消息M是由接入网关或信息枢纽S发出的，其内容在逻辑上应由接入网关或信息枢纽S给出，消息的内容通常可以用常量和接入网关或信息枢纽S的状态来描述，可以写为

$$M=f(S)$$

接入网关或信息枢纽D对消息M的响应由D根据消息M的内容和D自身的状态来计算，设响应为R，则

$$R=g(M, D)$$

同样，接入网关或信息枢纽与应用接口间的相互作用也通过消息机制实现，应用接口消息的产生和对消息的响应，由决策表机制根据接口的状态和消息内容控制。

4. 设备部署

以接入网关和信息枢纽为基本形态,通过两级代理机制实现航空数据链、视频专线、互联网、视频专网及行业部门信息网等异构网信息的安全接入,具备基于两级代理的内网与外网规划、内外网名录管理与同步、内外网统一域名服务、外网协议解析与转换、内网认证和安全检测等功能。接入网关和信息枢纽设备部署如图4.10所示。

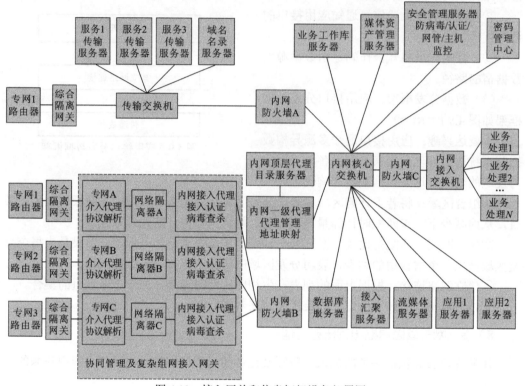

图 4.10 接入网关和信息枢纽设备部署图

4.3 跨网数据总线服务机制

数据总线服务的整个过程主要包括三大步骤:完成数据在接入网关部分的接入和处理;数据总线从各个不同属性的网关接入和传输数据;数据汇聚到信息枢纽完成多类型数据、不同用户权限的复杂管理。

多源异构数据管理平台是实现跨系统协同管理的终端,通过公网、专线、专网和数据链的接入方式,实现与不同安全等级的具有安全隔离措施的子系统互联,并实现多源异构数据管理平台地址空间与复杂组网安全体系地址空间的映射;实现各种类型(遥感影像、视频、文字和网络数据)、各种安全性数据的互通,完成各种数据基于任务需求的索取和调度。

需要跨系统协同管理的网络链路包括专线、公网、行业部门信息网、视频专网和航空数据链等。多源异构数据跨系统协同管理主要依托接入网关和信息枢纽完成。协同管理依托复杂组网安全体系，对接入网关的接入方式、安全隔离措施、接入不同网系安全等级和接入网关运行状态等进行监控。通过各个子系统的接入网关汇总包含安全性的共享数据目录，形成整个协同管理所必需的共享数据目录，并提供可靠的目录服务。需要特别说明的是：各系统内部的数据管理仍由各系统按照各自的安全要求独立管理，只有需要满足安全保密要求的共享数据才能通过各接入网关，实现与各系统间的协调管理。

多源异构数据汇聚管理平台数据用户通过接入网关与相关系统协调共享数据，各个子单元完成对不同数据的差异化处理，通过信息枢纽获得协同管理及复杂组网安全体系的目录服务，针对多源异构数据汇聚管理平台数据用户的兴趣，通过数据总线获得用户权限信息，与信息枢纽共同完成匹配组合，建立满足安全要求的信息链路，完成信息交互，最后利用数据总线发布兴趣。

协同管理流程如图 4.11 所示。

图 4.11　协同管理流程图

4.3.1　数据接入及处理机制

整个协同处理过程中最关键的是对不同数据的处理，处理单元对不同的数据形式采用了不同的摆渡机制，其处理过程主要涉及数据接收、内容安全性处理、数据拷贝、格式转换、数据加密和数据传输六大步骤，针对不同数据属性进行个别的差异化处理。数据摆渡功能是在信息枢纽中完成的，其他处理过程均是在接入网关中进行。

对于文件数据，使用 doc/tiff/jpeg 数据格式，在传输和交换过程中必须严格保证数据的完整性、正确性，由于数据容量较大、传输时间较长，中间可能发生网络中断或服务暂停等异常情况，在传输和交换服务设计上要支持断点续传等保护机制。对于实时数据，使用私有比特/字符编码的数据格式，主要包括空中、水面目标的点迹、航迹和平台、传感器的遥测数据，具有容量小、频次高的突出特点，因为需要及时处理传输，对可靠性的要求相对较低，所以传输要求实时性，保证效率优先。对于近实时数据，使用私有比特/字符编码的数据格式，主要包括遥控指令、网络消息和任务短语等具有一定可靠性要求的即时短数据报文，根据业务需求，系统可以自动设定重传次数及间隔，以满足卫星、电台和数据链等各类窄带通信链路的传输特性。因其数据内容的重要性，可以牺牲时效性，但是必须通过多次重传机制保证数据内容的准确性。对于流媒体数据，数据采用 H.264/H.265 的标准视频格式，主要包括视频、声音等媒体数据，在传输过程中必须严格控制延迟、抖动和误码率等关键性能，以满足人的视听感官要求。但是因高清视频流的大容量性和带宽资源的有限性，要对视频进行一定的压缩，并需要对解压后数据进行一定的优化处理，保证数据满足标准。数据分类处理逻辑如表 4.3 所示。

表 4.3 数据分类处理逻辑

名称	主要内容	最大容量	交换频度	加密方式	传输协议	QoS	数据格式	病毒查杀	摆渡机制	备注
文件数据	主要是大容量数据文件，在传输和交换过程中必须严格保证数据的完整性、正确性，由于数据容量较大，传输时间较长，中间可能发生网络或服务暂停等异常情况，在传输和交换服务设计上要支持断点续传等保护机制	2 GB	100 Mbps	信源加密	FTP/P2P	断点续传	doc/tif/jpeg	是	1.数据接收；2.报文解密/认证；3.病毒查杀（外）；4.格式审计；5.数据摆渡（拷贝）；6.病毒查杀（内）；7.格式转换；8.数据加密/签名；9.数据传输	
实时数据	主要包括空中、水面目标的点迹、航迹和平台、传感器的遥测数据，具有容量小、频次高的突出特点，需要及时处理传输，对可靠性的要求相对较低	16 KB	50 点/s	信道加密	实时/数据链	效率优先	私有 比特/字符编码	否，格式校验	1.数据接收；2.格式审计；3.数据摆渡（拷贝）；4.格式转换；5.数据传输	
近实时数据	主要包括遥控指令、网络消息和任务短语等具有一定可靠性要求的即时短数据报文，根据业务需求，系统可以自动设定发送及重传次数，以满足卫星、电台和数据链等各类窄带通信链路的传输特性	64 KB	10 包/s	信源加密	北斗短报文/MQ	重传 N 次	私有 比特/字符编码	否，格式校验	1.数据接收；2.报文解密/认证；3.格式审计；4.数据摆渡（拷贝）；5.格式转换；6.数据传输	
流媒体数据	主要包括视频、声音等媒体数据，在传输过程中必须严格控制延迟、抖动和误码率等关键性能，以满足人的视听感官要求	1 080 p	30 帧/s	信道加密	UDP/RTMP	视频优化	H.264 H.265	否，格式校验	1.数据接收；2.源组审计；3.格式审计；4.数据摆渡（拷贝）；5.数据传输	

注：UDP（user datagram protocol，用户数据报协议）；FTP（file transfer protocol，文件传输协议）；P2P（peer to peer，点对点）；MQ（message queue，消息队列）；RTMP（real time messaging protocol，实时消息传输协议）

4.3.2 数据服务总线传输机制

通过前面对多源异构数据跨系统协同管理及复杂组网设备的设计、管理及部署，如何安全接入不同网络系统来源的卫星遥感、航空遥感、视频监控、地理信息、网络信息及业务信息等数据至关重要。针对多源异构数据的跨系统协同管理及复杂组网的数据流向，设计一套完备的数据服务总线来保障数据的安全汇聚及收发，其技术实现方案如图 4.12 所示。

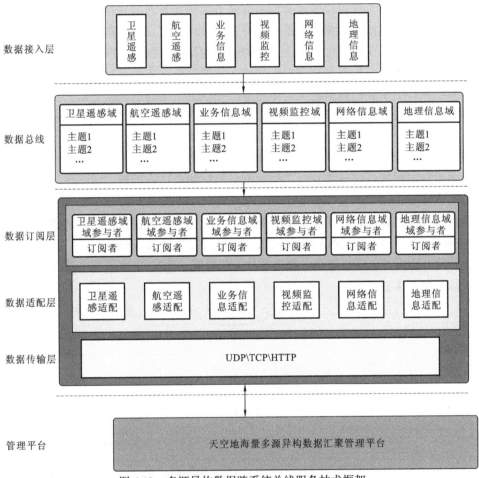

图 4.12 多源异构数据跨系统总线服务技术框架

HTTP 为 hypertext transfer protocol，超文本传输协议

通过数据接入层，将不同系统来源的卫星遥感、航空遥感、视频监控、地理信息、网络信息及业务信息等多源异构数据安全接入并汇聚到数据总线层。

1. 数据总线层

数据总线层根据跨系统汇聚的多源异构数据的不同数据类型（数据来源）定义分布式数据服务总线的数据域，根据不同数据类型下包括的不同子类数据定义数据域下的不同主题。在分布式数据服务总线中，不同来源、不同类型的数据传输采用逻辑上隔离的网络系统，被定义为不同的数据域。不同数据域的设置可以保证同一主机上的多个应用程序不同数据域之间不会交换数据，保证了所有的通信都在相同的数据域内进行。为了保障多源异构数据在不同类型数据需求状态下的数据传输，分布式数据服务总线支持多重域，通过对系统需求进行分解，保障系统根据不同需求进行不同类型数据的传输。本书将不同来源的数据类型定义为不同的数据域，多重域的设计为多源异构数据传输提供了有效的数据隔离和数据需求保障。当用户使用相同网络上的计算机测试应用程序时，通过为每个用户分配不同的数据域，可以保证一个用户应用程序生成的数据不会偶然地被其他应用程序接收。这也为多源异构数据跨系统协同管理的安全性提供保障。在数据域内，可以设置主题标识数据，这是一种特定的域段，它允许明确的数据通信。在一个数据域内可以发布多个主题标识数据，但每个主题标识数据只关联一个数据域。主题标识数据包括主题名称、数据类型和对应的服务质量策略。主题名称唯一。本书为每个大数据类型下的每个子类型数据定义一个主题，并根据需要通信的信息定义主题的数据类型和服务质量策略，为数据通信做好准备。根据研究内容，将分布式数据服务总线层划分为卫星遥感域、航空遥感域、视频监控域、地理信息域、网络信息域及业务信息域等数据域，根据实际业务需求，每个数据域又包括发布者和订阅者，一个数据域发布的数据需要由本数据域的订阅者接收，其他数据域的订阅者接收不到。

数据服务总线的通信是以数据为中心的发布/订阅通信，负责有效地将数据从发布者传送到感兴趣的订阅者。在数据服务总线中，应用程序需要构建实体来建立彼此间的发布/订阅通信（孙昊翔，2013）。数据服务总线包含数据域、域参与者、数据写入者、发布者、数据读取者、订阅者和主题等实体（张思豪，2020）。数据服务总线中实体关系及传输数据如图 4.13 所示。

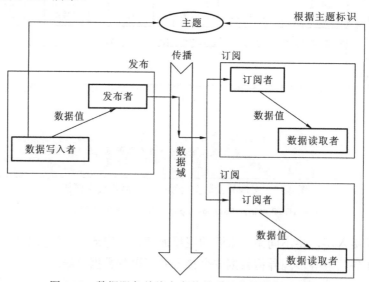

图 4.13　数据服务总线中实体关系及传输数据示意图

（1）数据写入者发送数据。数据写入者负责为数据编列，并将它传送至发布者进行传输。数据写入者与数据主题相关联。在单独的应用程序中，用户可以拥有多个数据写入者和主题。一个特定的主题也可以拥有多个数据写入者。

（2）发布者辅助实际数据发送。发布者负责将发布的数据获取后发布至本域中所有相关的订阅者。发布者具有对数据写入者的拥有和管理权限。发布者和数据写入者是一对多的关系，即：一个发布者可以拥有多个数据写入者，一个数据写入者仅可由单独的发布者拥有。因此，一个发布者可以为天空地多源异构数据域下的多个主题数据发送数据。

（3）数据写入者和发布者之间的关联通常是指发布，尽管用户从未创建一个被称作发布的数据服务总线对象。发布应用程序把数据从数据容器中取出，数据写入者进行写入，再由数据发布者发出至数据域。

（4）订阅者是实际接收发布数据的数据服务总线对象。当数据样本被发送至应用程序时，它首先由订阅者处理，然后被存储在相应的数据读取者中。订阅者具有数据读取者对数据的拥有和管理权限。一个数据读取者只能由单独的订阅者拥有，而一个订阅者可以拥有很多数据读取者。因此，一个订阅者可以接收不同主题数据。

（5）数据读取者访问数据服务总线上接收的数据。一个数据读取者关联一个单独主题，对特定的主题，用户可以拥有多个数据读取者。

（6）数据读取者和订阅者间的关联通常是指订阅，尽管用户从未创建一个被称为订阅者的数据服务总线对象。

（7）天空地海量多源异构数据在不同的数据域内发送和接收的过程中，数据写入者和数据读取者需要关联相同的主题。发布者可以管理单个或多个数据写入者，订阅者可以管理单个或多个数据读取者。

与客户端/服务器架构相比，发布/订阅模式极大地降低了网络数据发送消耗。低带宽下的偶然订阅请求替代大量的高带宽客户端请求。对于定期数据交换，发布/订阅在反应时间和带宽上比客户端/服务器端的效率更高。

2. 数据订阅层

数据订阅层主要包括对从天空地海量多源异构数据汇聚管理平台获取的请求进行解析，对服务总线数据进行订阅。订阅者接收来自发布者的数据，将其传送至与它连接的任何数据读取者。数据读取者获取来自订阅者的数据后，将其为该主题反编列为适当的类型，将数据样本传递至应用程序。每个数据读取者与特定主题绑定，应用程序使用数据读取者的类型指定接口接收样本，一旦创建并配置了正确的服务质量，应用程序会被告知。开发者可以通过监听回调程序、轮询数据读取者、条件和等待装置三种方法访问数据（张昊翔，2013）。图 4.14 为数据订阅模型。

3. 数据适配层

应用程序对从订阅层获取的数据进行解析并进行格式转换，使数据符合天空地海量多源异构数据汇聚管理平台接收的数据结构格式，进而能正常传输至天空地海量多源异构数据汇聚管理平台。

4. 数据传输层

数据传输层是数据网络通信实现端到端的数据传输。数据传输至天空地海量多源异构数据汇聚管理平台，需要确定数据的传输方式是 UDP\TCP\HTTP 等中的哪一种。

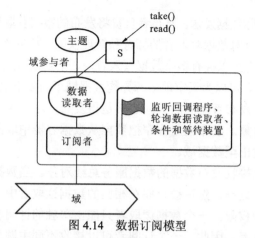

图 4.14　数据订阅模型

S 指数据获取后，将其为该主题反编列为适当的类型的数据

4.3.3　信息枢纽数据管理机制

信息枢纽数据管理主要包含汇入数据、数据汇入管理、用户权限管理、数据按需分发 4 个过程。从数据服务总线汇入的数据已经过接入及处理单元的数据分类，并按需进行了安全性处理。大量的数据在枢纽部分需要根据数据源、数据类型、数据去向完成多数据的管理工作。数据完成了高效的汇聚管理后，结合对用户权限的分析，实现对用户兴趣的按需分发。

第 5 章　海量多源异构数据汇聚管理

如何围绕公共安全事件智能感知与理解需求，将覆盖领域广、数据量大、尺度标准不一且动态实时更新的各类数据快速高效地整合起来，为公共安全事件分析预测提供数据支撑是急需解决的难题。本章主要从三个层面开展研究：一是研究多中心条件下数据汇聚技术，基于主被动接入策略实现双向自适应采集服务，构建时空基准框架和数据服务与信息模型，实现分布式多源异构数据统一组织，利用清洗、标识、编目及血缘分析等技术开展数据资产智能管理；二是面向协同管理研究多源异构数据集成存储方法，基于数据资源特点制订元数据、信息及实体数据集等不同存储策略及更新机制，构建适应性极强的公共多源信息元数据模型，作为中间件系统协同主中心与分散多中心，提供统一的数据访问机制，解决数据库系统异构性和交互过程中高并发性问题；三是面向综合应用研究多模态数据关联与可视化技术，构建地理空间数据元数据关联网络模型，有效降低检索运算复杂性，基于多维信息分析技术及智能多维信息分析映射模型实现对碎片信息的重建，研究动态可视化技术，实现多维数据直观展示。本章围绕公共安全数据的一体化组织、动态关联与综合检索需求，开展汇聚、集成和关联可视化等多项技术研究，有效解决公共安全大数据高效组织、动态关联中的各类瓶颈问题。海量多源异构数据汇聚管理研究内容如图 5.1 所示。

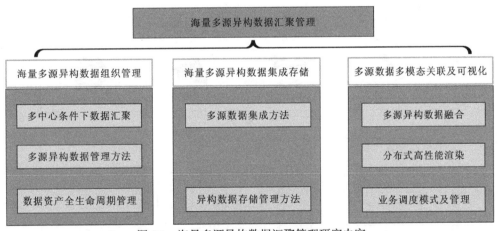

图 5.1　海量多源异构数据汇聚管理研究内容

5.1　海量多源异构数据组织管理

5.1.1　多中心条件下数据汇聚

1. 数据汇聚条件

针对分布式多数据中心构成的网络化空间数据接入和汇聚需求，研究多中心、多类别、多系统、多主体协同管理的数据汇聚技术。将地域分散、种类各异的各类资源实现统一汇聚、维护与发布，使各数据中心的数据资源、可面向上层应用形成"逻辑集中、物理自治"的共享资源虚拟全局视图。同时研究能够满足业务大数据需求分析的数据模型和数据集成技术，包括资源发现、自动提取与接入服务等，创建多源异构数据有效的双向自适应数据采集服务，实现主动抓取和被动接收两种形式的双向数据获取接入。最终实现各类资源自治基础上的互联互通、逻辑共享、虚拟整合、透明访问，为空间数据统一组织管理和共享服务提供有效支撑。

2. 数据汇聚难点

空间数据存储在同城、异地多个数据中心，为使每个数据中心的空间数据资源都能得到充分利用，以分布式多中心为前提，引接来源于"空"的无人机、航天飞机的数据，来源于"天"的卫星数据，来源于"地"的数据中心数据。这些多源数据引接技术的难点在于数据源的数量多，数据格式各异，各来源之间存在分布分散、不同安全网络相互隔离的问题，从而导致数据的结构性差、关联性差。

3. 数据汇聚实现

数据是研究的基础，将分布式环境下的卫星数据、无人机航拍数据、网络空间数据进行快速引接汇聚，为后续的数据管理、信息提取提供基础。多中心条件下多源数据引接汇聚技术路线如图 5.2 所示。

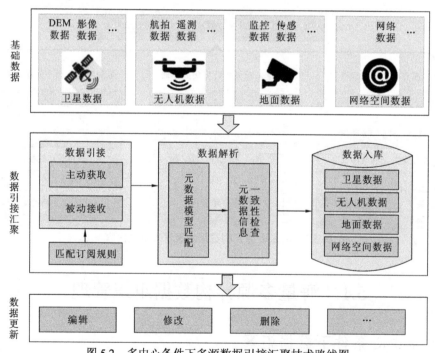

图 5.2   多中心条件下多源数据引接汇聚技术路线图

首先，分析空间信息数据的特点，根据分布式环境下的多源头、多种类、多属性等特点的空间数据设计数据引接方式，包括主动获取及被动接收两种形式。其中被动接收需要匹配用户的订阅规则，如果订阅规则符合，则将资源推送给用户，或给用户发送通知消息；根据获取到的数据，从元数据知识库中自适应地进行元数据模型匹配，并对资源的元数据与资源实体的一致性进行检查，根据预设的策略对不一致的信息进行剔除或更新；然后根据建立好的数据库规则完成空间数据的入库；针对数据获取需求的变化，提供数据更新机制，包括数据的编辑、修改、删除等。最终将地域分散、种类各异的各类资源实现统一汇聚、维护与发布，使各数据中心的数据资源可面向上层应用形成"逻辑集中、物理自治"的共享资源虚拟全局视图。数据引接汇聚包含数据引接、数据解析和数据入库三个步骤。

1）数据引接

数据来源（图 5.3）可分为以下三类。

（1）空基：通过无人机或航空飞机拍摄的可见光遥感数据。

（2）天基：通过可见光载荷、高光谱载荷、合成孔径雷达（SAR）获得的全色/多光谱遥感数据、高光谱遥感数据、DEM 等。

（3）地基：通过地面监控视频、网络等得到的数据。

图 5.3　数据来源

异构数据的自适应采集过程包括从各类设备上采集数据，对采集来的数据包进行解析、将已解析的具有真正意义的数据进行数据存储或数值显示。但是由于系统异构等特点，采集到的数据具有不同的格式和意义，所以将不同格式的数据解析出正确的数据就成了关键，为解决这个问题，在与其他系统交互过程中，可以通过扫描数据存放目录的方式直接引接数据，也可以采用 socket 方式、文件共享服务器方式和数据库共享数据方式的 web 系统对接实现应用系统之间的对接，从而实现多源数据引接汇聚。

（1）socket 方式：典型的客户端/服务器端（client/server，C/S）交互方式。服务器端通过 IP 监听端口，客户端连接被监听的端口进行信息交互，该方式是一种基础通信方式。

（2）文件共享服务器方式：在不同系统之间通过约定 IP、目录或文件等方式实现不同主机间数据交互。

（3）数据库共享数据方式：让不同系统通过连接同一个数据库服务器及相同库表实现不同主机间数据交互。

2）数据解析

采用分布式"上传-解析一体化"的思想对数据进行解析。分布式解析是整个可视化管理系统的前提，也是将所有"文件"完成归档的基础。它是利用上传数据的时间，对其中数据的格式、地理位置分布归属、元信息等进行抽取解析和分类归档，以达到已有标准数据的自动识别和分类组织的目的，大幅减轻数据识别组织工作量。

为快速处理待解析对象，在解析环境不造成处理延时的前提下，解析利用微服务技术分布式实现，如图 5.4 所示。

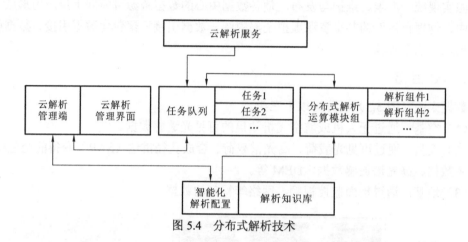

图 5.4　分布式解析技术

（1）智能化解析配置。在分布式解析中各解析组件是可插拔的，智能解析配置对象作为全局对象发布，其内容可借由云解析管理器进行修改，新的解析工作由云服务自动通知到各解析器。智能化解析配置对象负责管理解析知识库，将知识库提供给分布式解析运算模块使用。通过云解析管理器可实现对解析知识库的动态更新。

（2）云解析管理端。作为客户端，云解析管理端提供了一个可视化操作界面，便于辅助云解析服务工作。利用云解析管理端，可实现资源池监控、分布式客户端监控、智能化解析知识库配置、解析组件配置、数据源配置、运行日志管理等各类管理维护工作。

（3）分布式解析运算模块。分布式解析运算模块由多个数据类型识别组件组成，它作为云解析服务的运算核心能够实现对所有类型数据的解析运算。通过数据文件名、数据段特殊标记及其他特性化配置方式，数据类型识别组件能够对当前申请到的解析资源进行自动识别，并将文件的解析适配标识反馈给解析引擎。

分布式解析运算技术具有分布式技术的特点，可在多台服务器上同时部署，也可在一台服务器上同时运行多个实例。解析运算中各运算节点通过远程服务访问解析组件队列，因此能够同步感知云解析服务组件的配置更新及新解析组件的加入。每个解析器都是独立运行的进程，通过对解析任务池中的任务进行并发访问、并行运算，可显著缩短解析时间，提高解析效率。

解析云服务接收各个解析组件启动后的注册信息，并反馈至解析服务管理器，由管理器负责将各解析组件加入本地可视化管理列表中予以监控。当解析器出现异常或强制退出时，其消息订阅事件将会被解析云自动注销，并通知解析云服务管理器，管理器负责将该解析器从管理列表中删除并通知管理员。

3）数据入库

针对异构数据的组织管理，采用"云盘+GIS"的异构高分数据可视化管理技术。

（1）云盘式归档

网盘或者云盘的出现，用一种非常直观且易理解的方式迅速被大众接受。而空间信息一直以来都在应用普及方面存在壁垒，因为其专业的数据格式和结构，即便在简单的操作、发布、展示层面都有一定的复杂度。而且，由于资源种类繁多，不同类型的数据存放在不同的 GIS 服务器中，造成资源查找不便。另外，用户在搭建自己的资源门户或信息共享平台时，需从最基础的功能做起，这就会导致系统开发周期长、建设成本高。

采用网盘式的归档模式，就是采用网盘的理念，无论是地理信息数据还是多媒体数据，都以类似于网盘的模式进行操作，即可完成归档，能够实现对各种资源的整合、查找、共享与统一管理。此外，还提供可视化资源管理和 API 扩展开发能力，可以协助用户快速构建跨区域、跨部门的资源信息共享平台或打造属于用户自己的云端一体化的资源管理中心。

在这种极简应用模式革新的要求下，研究设计地理信息专业数据的透明层，从数据解析、数据组织、数据检索等多个方面展开设计。

①网盘式文件组织技术（梁旭，2019）。采用上传或服务端扫描解析的方式，使所有对文件类型的解析透明化。所有相关地理信息属性信息、配套信息、关联文件都进行静默化的自动解析。通过引入虚拟目录技术，实现数据组织与实际存储分离。每一类文件或同一类型的多个文件最终以最直接的用途类别为唯一呈现；避免同一类别信息由于多种不同格式、不同配置参数而带来的识别难、多格式不关联等问题。

②网盘式权限管理及共享技术。网盘式权限管理及共享技术基于面向服务的架构设计，采用 Oauth2 协议进行认证授权，通过令牌（token）进行分布式系统用户权限控制。系统授权使用授权码（authorization code）模式、简化（implicit）模式、资源拥有者密码凭据（resource owner password credentials）模式，实现授权、认证与资源的分离。

网盘式权限管理具有灵活的地理信息数据管理能力，实现数据上传、解析、目录组织、共享等业务，支持私有、公开、指定用户三种方式访问资源。私有用户方式管理私有上传的数据和访问公开数据，公开用户方式访问所有公开的数据，指定用户方式访问私有用户或管理员共享的目录或数据资源，实现资源的利用率最大化。

③网盘式安全存储策略。为应对网络传输中的各种安全威胁，系统采用安全访问控制、身份认证及加密技术对数据予以保护。存储服务器与用户之间通过相互认证完成身份鉴别，而后由用户代理使用安全程序接口建立和存储网盘之间的通信连接，进行数据归档。

为保证高可用、高可靠和经济性，采用分布式文件系统存储非结构化及半结构化海量数据，支持超大影像文件存储，具备高容错、弹性扩展、高数据吞吐量、流式数据访问等特点，实现对空间数据高效稳定的存储管理。分布式存储架构如图 5.5 所示。

分布式文件系统采用 Master/Slave 架构。集群由两类节点组成：名称节点（NameNode）和数据节点（DataNode）。其中 NameNode 为中心服务器，主要负责管理文件系统的元

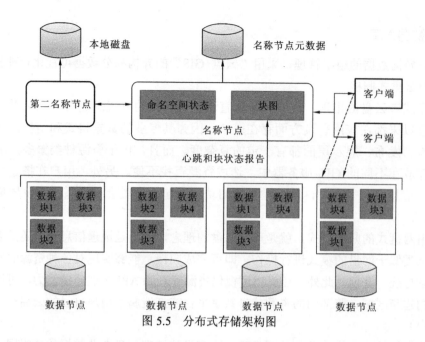

图 5.5 分布式存储架构图

数据信息、接收客户端的请求等，一个集群中只有一个 NameNode。DataNode 主要负责管理节点上存放的数据文件，一个集群中对应若干个 DataNode。分布式文件系统采用块的概念，块是数据读写的基本单元，一个文件被分成若干个块存储在一组 DataNode 上。NameNode 负责文件和目录的创建、删除和重命名等，它记录了每个文件中各个块所在的 DataNode 的位置信息。DataNode 在 NameNode 的统一调度下执行数据块的读/写操作。

分布式文件系统支持大规模文件的可靠存储。文件以块为单位进行存储，一个大规模文件被拆分为若干个数据块，块的大小是固定的，不同的数据块被分发到不同的节点上。为了容错，数据块可以冗余存储到多个节点上，数据块的大小和副本系数可以配置。文件为一次性写入，且任何时候仅能有一个写入者。

分布式文件系统通过冗余存储策略来保证存储数据的可靠性，即同一份数据存储多个副本（图 5.6）。通常数据的副本系数是 3。副本的存放策略是在可靠性、写带宽、读带宽之间的权衡，默认存放策略：第一个副本放在客户端（Client）相同的节点服务器上；第二个副本随机放在不同于第一个副本的机架上；第三个副本放在与第二个副本同一机架的不同节点服务器上，满足条件的节点服务器中随机选择。这样选择很好地平衡了可靠性、读写性能。

数据具备多个副本，并保持副本之间的一致性，如因某个节点出现故障导致读取数据失败，系统可以通过从其他副本读取数据对外提供服务，当数据长时间处于不一致状态时，系统会自动恢复重建数据，并保证副本的总数固定，尽可能最小化对业务的影响。

（2）基于影像实时流的高效分发技术。

①分布式层级快速拼合。因影像数据存储量级较大，在使用过程中，尤其是在产品级别影像数据的使用过程中，大多采用影像切片的方式。影像切片是将整幅遥感影像分层级分割为若干小的图片，每个切片单独存储、传输，并能够按照一定规则拼接成一幅完整影像。影像切片能够在保证展示效果的同时保证数据高效传输，提升用户浏览体验。

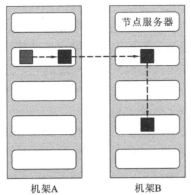

图 5.6　多副本存放策略示意图

而为了保证影像数据展示的流畅度，切片需要提前生成，因此影像切片存在两个问题：一是切片需要时间，无法实时或准实时地保证浏览需求；二是事先切片无法保证后续使用频次，造成存储空间的一定浪费。分布式层级快速拼合技术能够解决：影像切片快速、准实时地生产；根据具体使用需求进行切分计算，降低存储空间浪费的概率。分布式层级快速拼合流程如图 5.7 所示。

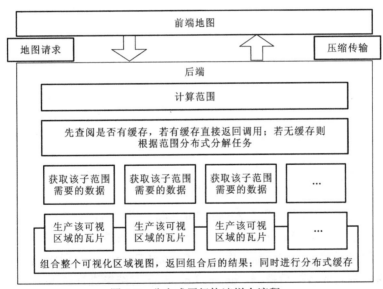

图 5.7　分布式层级快速拼合流程

前端根据需求请求某区域的影像切分计算，后端根据请求的参数计算相应影像的范围，查询当前缓存列表。若当前列表中已有该范围的切片，直接返回该切片即可；若当前列表中无该范围的切片，则通过分布式的瓦片生产服务获取当前范围的数据，根据当前范围计算可视化区域，并均匀分割为若干小区域，同时通过分布式处理调度平台将生产任务均匀分发至瓦片生产节点，各节点同步生产可视化区域的瓦片。瓦片生产完成后，组合整个可视化区域视图，返回组合后的结果，将结果存储至缓存列表并通过压缩传输的方式返回至前端。

②无损压缩传输。采用 B/S 架构，数据传输需要占用较多的带宽，如何快速、高效

地完成数据传输是关键环节。采用无损压缩传输的方式，将影像、矢量、标注数据先压缩再传输，接收到后再解压使用。使用无损压缩传输的方式时，数据包的请求头中有标识标明对压缩的支持，客户端浏览器的 HTTP 请求头声明浏览器支持的压缩方式，服务端配置启用压缩。当客户端浏览器请求到服务端的时候，服务器解析数据包的请求头，如果请求中标明能够支持压缩方式，服务器端响应时对请求的资源进行压缩并返回给客户端浏览器，浏览器解析压缩文件并渲染显示。

　　HTTP 数据的无损压缩传输能够减小响应尺寸、节省带宽、提高速度，同时保证数据最终展示的质量。为了保证无损压缩传输，需要浏览器端、服务器端的支持，目前所有常见浏览器均支持压缩的传输技术，服务器端需要有相应的压缩技术将影像、矢量、标注数据的切片按照浏览器端规定的格式进行压缩，将压缩文件返回给浏览器，浏览器端获取压缩格式的数据后，快速解压得到影像、矢量、标注等数据，并叠加渲染相应的场景，无损压缩流程如图 5.8 所示。

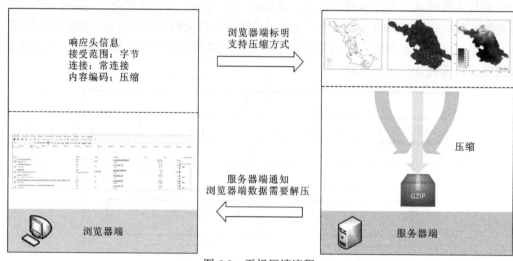

图 5.8　无损压缩流程

　　首先浏览器请求数据时，通过 Accept-Encoding 说明自己可接受的压缩方式；服务器端接收到请求后，选取 Accept-Encoding 中的一种压缩方式对影像、矢量、标注等数据进行压缩；服务器端返回响应数据时，在 Content-Encoding 字段中说明数据的压缩方式；浏览器接收到响应数据后根据 Content-Encoding 对结果进行解压。

　　无损压缩减少 HTTP 响应时间，提高数据传输效率，减少数据传输过程的带宽。其不足之处在于压缩过程占用服务器额外的 CPU 周期，请求端对压缩文件解压缩而增加额外耗时，不过随着硬件性能不断提高，该不足正在被不断弱化。利用缓存技术减少压缩次数，能够在降低带宽的同时保证高效的响应。

　　③规则化局部即时更新。传统的 WebGIS 采用地图缓存技术，即地图瓦片技术，解决了数据传输与浏览速度较慢的问题。虽然地图瓦片技术让 WebGIS 的性能得到了极大的改善，但是地图切片后，只能以图片的形式存在，如果遇到需要编辑更新的情况，不能得到及时的响应，只有等待后台管理员重新建立地图缓存后才能在前端得到更新。这个过程通常需要几个小时甚至几天。

为了解决这个问题，基于分布式层级快速拼合技术，并结合 GIS 网格化技术，提出地图瓦片实时在线局部更新的实现过程（图 5.9）。

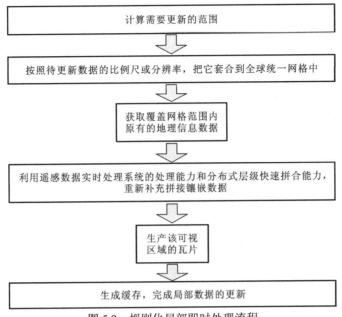

图 5.9　规则化局部即时处理流程

第一，GIS 网格是一种地理空间划分和定位参照系统，基于空间位置并按照一定规则对空间范围进行划分，形成分层级、多尺度的网格单元，对各网格单元依据规范赋予与其空间位置对应的地理编码，如此可以利用这套系统为任一资源分配一组与之匹配的多层次网格单元。

第二，动态更新局部信息，首先计算需要更新的范围，按照待更新数据的比例尺或分辨率，把它套合到全球统一网格中，找出该覆盖网格范围内原有的地理信息数据，利用遥感数据实时处理系统的处理能力和分布式层级快速拼合能力，重新补充拼接镶嵌数据，生产该可视区域的瓦片，生成缓存，完成局部数据的更新，最终实现信息局部更新后的动态服务发布。

4. 核心技术

天空地数据来源于多种平台异构多类多型传感器，要将其信息进行有效融合，必须确保来源数据的时空一致性。针对异构数据的时间不同步问题，研究基于统一时间基准的时间配准方法，根据融合结果动态选择时间配准基准，将异构数据的时间规整到同一时间；针对多域异构数据的空间不一致问题，研究不同坐标体系下的转换关系，构建高可靠的空间坐标转换模型，依据最小转换原则，基于任务需求自适应确定空间转换基准，实现多源异构数据的空间一致性。

1）时空基准统一

统一时空基准是多源数据引接、共享、检索的基础。时间系统和坐标系统是公共安全数据的参考基准，任何形式的事件都是在一定的时间和坐标框架内进行。针对公共安全数据多源、多尺度、多类型、大规模，以及信息量丰富、数据属性多样的特点，构建混合数据统一时空框架，形成统一时空基准模型，实现多源异构数据在时间、地理空间特性的一致性。

（1）统一时间基准。首先定义一个标准时间，建立其他时间与之进行准确有效转换的关系。多源异构的公共安全数据基于统一的时间基准来保持时间维度上的一致性，进而为其融合使用、高效利用奠定基础。时间基准中日期采用公历纪元，时间采用北京时间。

（2）统一空间基准。统一空间基准的目的是为具备空间属性的数据提供一个高效、一致的空间定位基准，保证空间数据的一致性、兼容性和共享性。统一空间基准的关键思路是选定合适的地理空间坐标系统，将不同空间数据按照一定的算法进行空间信息转换与统一。地理空间坐标系统是确定空间位置、空间距离、空间方位、空间关系等信息的基础，是空间位置的度量，主要完成投影坐标系的统一。通用投影坐标系有 2000 国家大地坐标系（CGCS2000）、1954 北京坐标系、1980 西安坐标系等多种坐标系。需要对数据进行转换，统一到一个坐标系下进行组织管理。本书将 CGCS2000 作为统一空间基准的基础和标准。高程基准统一到 1985 国家高程基准，具体参照《国家大地测量基本技术规定》（GB 22021—2008）执行。

（3）统一时空基准。本书涉及的公共安全数据（卫星遥感影像、航拍遥感影像、地面视频、网络信息、地理信息和业务信息），是基于某一时空基准的、与位置具有直接关联或间接关联关系的数据，具有时间维、空间维和属性维等多种表现形式。时空基准的统一是公共安全数据与地理时空数据的融合，它以地球为对象，基于统一的时空基准，形成基于统一时空框架的数据，是数据统一组织的基础。

时空数据模型主要包括数据类型集合及作用于数据类型上的操作集合。时空数据模型追求对时空数据的有效组织和管理，它既注重对实体数据对象空间特征和数据特征的描述，更注重对时间特征的描述，因此在时间、空间和属性语义上的表达更加完整。

作为时空信息系统的核心，时空数据模型定义了对象数据类型、关系、操作和维护数据库完整性的规则。一个严格的时空数据模型必须具备的基本能力包括时空数据查询、分析和推理能力。对时空数据模型的研究可分为两步：时间、空间和属性"三域"的标识，时空基准的统一。

①时间、空间和属性"三域"的标识。时空大数据主要表现为遥感影像数据、高程数据、地名地址数据和流式数据等形式，需要对数据本身进行时间、空间和属性"三域"的标识。时间标识注记该数据的时效性，空间标识注记空间特性，属性标识注记隶属的领域、行业、主题等内容，以便后续时空大数据的分类整理和按时间序列化处理。具体实现方式如下。

影像数据。影像数据针对不同类型、不同分辨率增添"三域"标识。该数据采用连续的时间快照模型进行数据重组，对同一分辨率的不同时相影像构建影像时间序列，形成时间序列影像数据集；对具体一个影像，采用金字塔模型进行空间组织。

高程模型。高程模型数据针对不同格网间距增添"三域"标识。该数据采用连续的时间序列模型进行数据重组，构建时间序列。

地名地址数据。地名地址数据逐条增添"三域"标识。该数据采用面向对象的时空数据模型进行数据重组，对每个地名地址条目构建具有唯一"三域"标识的时空对象。

流式数据。流式数据需要逐帧或者统一增添"三域"标识，在标注相对稳定的空间和属性的同时，着重标注时间特性。

互联网数据。互联网数据采用 IP 地址的解析进行"地址域"的获取，通过数据获取或者发布时间注入"时间域"标签，"属性域"标签一般通过数据发布方信息自动采集或者手动标注的方式确定。

②时空基准的统一。卫星遥感影像、航拍遥感影像、地理信息数据本身都具有不同格式的时间和位置信息，需要基于统一时空基准进行坐标转换与时间格式转换。处理工作包括统一数据格式、一致性处理和数据空间化。

统一数据格式。不同地理信息数据能够基本实现无损格式转换，无拓扑关系图形数据需要首先转换至地理信息数据，并建立拓扑关系。格式统一后的地理信息数据应融合、自动接边，数据列表实现自动属性赋值。

一致性处理。对于本地实体数据和影像数据，将更新后的地理数据快速与底图数据进行综合，变动更新相应范围数据，原内容自动变成历史数据。

数据空间化（李东洋，2019）。一是地名谱提取。平台汇聚的各类数据，有些数据带有空间位置坐标信息，经过统一时空基准后，即可匹配集成；部分数据自身没有空间坐标信息，但在属性项中蕴含了地名地址；还有一部分数据只是蕴含了一些地名要素，要结合汉语分词和数据比对技术，通过基于语义和地理本体的统一认知，提取地名谱特征。二是空间匹配。对于具有空间位置坐标的数据，直接进行坐标匹配；对于无空间位置坐标的数据，根据识别提取出的地名地址信息，建立含有地名标识的切分序列与逻辑组合关系，开展基于分词、本体和词语相似性的多种匹配，提出局部模糊匹配后的歧义消除方法，实现高效、精准、实用的地名地址匹配。三是数据序化。依托时空基准，采用地名地址匹配的技术方法，将"三域"标识的信息内容进行时空定位寻址。对于带有空间位置坐标的信息内容，通过坐标匹配定位；蕴含地名地址的信息内容，通过地名地址匹配定位；仅蕴含地名的信息内容，先萃取地名地址信息，再通过地名地址匹配定位。

地面视频、网络信息、业务信息不直接具备地理坐标等位置信息，但是具有 IP 地址、卡口编号的间接位置信息，需要基于统一的时空基准进行映射，将间接位置信息映射转换成坐标位置。

图 5.10 所示为将卡口采集的车辆数据进行时空基准统一的过程。道路交通卡口监控系统（简称卡口系统）主要负责采集通行卡口的机动车辆信息（如车辆号牌、品牌、型号、颜色等）、车辆通行数据（如时间、地点、车速、方向等）及车内人员信息（驾驶位和副驾驶位人员外貌、着装、状态）等，一般部署于收费站、检查站、城市出入口等重点治安地段。系统可通过拍照、识别等处理，验证过往车辆身份合法性，可实现嫌疑车辆、违章肇事车辆等自动监控报警，是公安交通部门非常重要的一种安全管理手段。

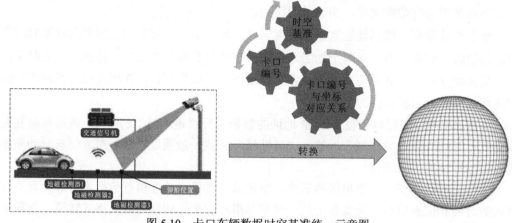

图 5.10　卡口车辆数据时空基准统一示意图

依据《全国机动车缉查布控系统卡口数据上传规范》，卡口代码与经纬度没有直接联系，只具备卡口编号。要实现转换，必须得到卡口所在的地理坐标和代码的对应关系，建立卡口代码和经纬度的联系。基于统一的时空基准，将经纬度坐标进行转换，映射成统一的空间坐标；将时间信息进行转换，形成统一的时间格式。

2）多维数据组织模型构建

来自空天地网多种采集手段的数据种类繁多，在进行统一存储和管理时需要将不同来源数据的位置和范围信息，以及采集的时间等进行抽取，建立元数据索引为上层应用提供快速访问的能力。这些数据具有多模态、强关联、高通量、多冗余等特征。传统的数据存储和管理方法难以适应数据和应用需求，需要有针对性地研究适用于这些数据的组织方法。面向公共安全事件感知与处理的数据组织模型，不仅要实现时空维度上的关联，更重要的是在现实语义空间上建立事件之间的更高层次的关联，如属性关联、目标关联、事件关联等，这对数据组织模型提出了较高的要求。

综合考虑公共安全数据所跨网系安全、数据安全、数据特点、所处分散系统等各方面因素，提出基于数据来源的分域管理策略，共分成卫星遥感影像、航拍遥感影像、地面视频、网络信息、电磁信息、地理信息和公安业务信息等几大存储域。构建公共安全大数据元数据目录体系，将分散在不同网络、不同系统、不同平台的各类数据纳入统筹管理，结合数据特点制订策略自动采集相关编目信息、元数据信息、交互信息或实体数据等。建立含数据来源和属性两方面信息的数据库框架，其中对数据库表名称进行规范，对空间坐标系进行统一，从技术层面保证严格遵循来源一致和属性一致原则。在抽取形成属性元数据、结构元数据和语义元数据基础上，挖掘形成目标元数据和事件元数据。多维数据组织模型如图 5.11 所示。

在统一时空框架的支撑下，多维数据组织模型作为一种混合数据模型，主要从时间-空间维度和复杂语义维度两个层面描述、刻画、定义公共安全事件本身与天空地海量多源异构数据外延，实现更好地组织公共安全事件感知与理解中使用的各类数据，为各类应用提供更好的服务。

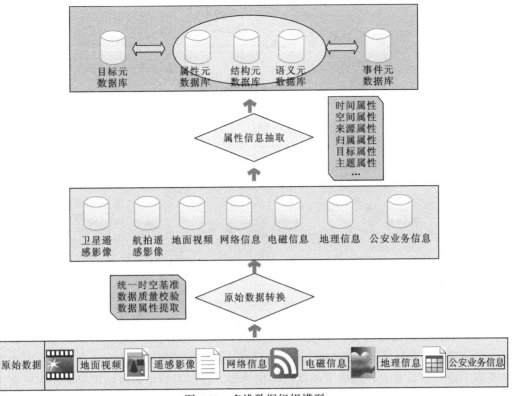

图 5.11　多维数据组织模型

5.1.2　多源异构数据管理方法

1. 数据管理条件

1）多源异构空间数据承载

针对分布式多中心海量异构数据存储的组织管理需求，为了使各类信息资源得到更为高效的利用，突破分布式、异构、异地存储的限制，构建一种跨网分布式资源虚拟化整合的数据组织与高效管理架构，实现空间数据资源的统一管理共享，形成统一的全局资源视图。同时针对海量信息数据多源异构、数据分散、数据计算需求高等特点，研究统一时空框架数据组织技术，通过负载感知的数据块分配策略和运维管理进行空间数据的组织、管理、存储、计算、维护，构建时空分布式大数据管理系统，支持接入空间全信息数据，满足数据共享需求，为多源海量异构数据的智能融合与可视化关联提供有效支撑。

2）基于空间数据的全空间信息模型的构建

全空间信息模型（图 5.12）为海量空间数据组织提供了高效的数据组织平台，包括各类标准、地理空间框架、分类体系、目标体系、数据关联和统一建模工具集。通过海量数据的关联分析，快速准确地寻找相关事件的内在线索，从而挖掘信息的应用价值。

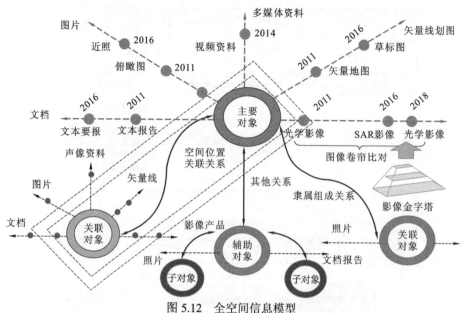

图 5.12　全空间信息模型

（1）数据源及数据类型。引接空（无人机、航空飞机等）、天（高分一号、高分二号、高分三号、高分五号卫星等）、地（物联网、视频等）多源异构海量数据，不同的数据获取手段和记录方式，形成了不同的数据类型，数据类型主要包括可见光、多光谱、高光谱、合成孔径雷达（SAR）、视频等。各种类型数据都是对现实世界的概括与表达，单一数据缺乏表达的完整性，不同类型数据通过不同描述角度和表达方式使数据之间可以相互补充和相互印证，为信息挖掘及事件描述提供数据基础。

（2）空间特征。空间分布及其空间关系是描述事物、认识事物的基础。真实世界地物位置具有唯一性特点，同一地物参考不同基准的描述会产生位置偏差，因此统一时空，必须首先在统一地理基准的前提下，进行空间位置表达和空间关系描述。统一不同类型数据空间基准和空间表达，可以进一步通过空间数据组织模型构建实现天空地大数据高效检索。

（3）时间特征。时间是所有事物从产生、发展到消亡的过程刻画，是变化过程的最直观参照，在空间基准上增加时间序列化分析，可以描述和分析事物变化及其相互影响。

（4）对象体系。用来记载空间重要目标及其属性信息随时间变化的情况，是对时间、空间、属性信息的逻辑封装。可以理解为物理实体的多时态版本组合封装，也可以理解为同一事物的空间及其拓扑数据、时间及其拓扑数据、属性数据之间的数据封装。对象体系是组织数据的一种重要方式和维度。

2. 数据管理难点

空间数据来源众多、结构各异，这给数据的统一管理造成了较大困难。空间数据统一组织的目的是面向智慧城市支撑应用层面，旨在通过构建数据地理本体解决数据集成所面临的语义、格式等异构问题，实现空间数据作为智慧城市的重要支撑。涉及多源数据的一体化的数据承载组织、管理技术。解决问题的重点包括：统一时空基准，统一地理基准框架；多源异构数据的通用化存储及组织管理；多源异构数据的智能化自适应解析。

3. 数据管理实现

针对分布式海量异构数据存储的组织管理需求，构建一种跨网分布式资源虚拟化整合的数据组织与高效管理架构，并为上层应用提供数据服务与空间信息模型。海量异构空间数据承载与组织管理技术路线图如图5.13所示。

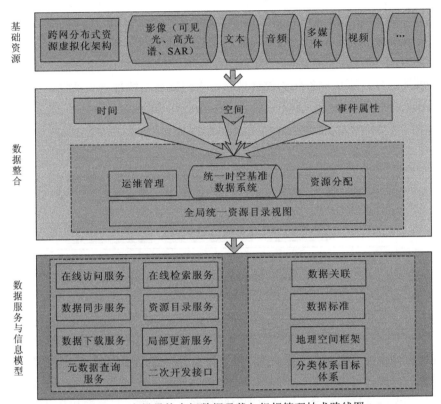

图5.13　海量异构空间数据承载与组织管理技术路线图

现有的数据管理系统可支持 TB 级的数据存储规模，针对海量异构数据在数据量达到 PB 级的特点，可提供硬件支持达到"海量"数据的存储与管理。

通过分析各类信息资源，构建一种跨网分布式资源虚拟化整合的数据组织与高效管理架构，实现空间全信息数据资源的统一管理共享，形成统一的全局资源视图。根据各类数据的时间、空间、属性信息，将分散于各数据中心的海量异构数据形成统一时空基准的数据系统，并提供运维管理与资源分配功能，便于数据维护与存储管理。为了便捷的、无差别的数据应用，提供在线访问、在线检索、数据同步、资源目录、数据下载、局部更新、元数据查询、二次开发等各类数据服务，同时针对智慧城市建设空间数据需求，提供全空间信息模型，便于海量数据的关联分析。

1）基于服务架构的海量数据管理

服务架构可将功能复杂、体量庞大的系统分为若干个高内聚、低耦合的简单模块，从而达到服务灵活重构、持续交付、快速迁移的目的，并提高服务的高并发能力。因此，本小节以服务为主要技术体制，构建分布式承载应用框架，将分布式节点的资源进行虚拟化整合，各节点的数据资源能够通过服务化的方式进行注册与发布，且每个节点的改变不依赖其他节点，都具有独立服务的能力。

根据天空地海量多源异构数据快速汇聚、高效管理及智能分析等能力需求，遵循数据分域管理、系统模块化分层的设计思想，采用 B/S 与 C/S 混合设计，基于微服务架构和 Docker 集群部署，提升系统服务的可扩展性和伸缩能力。每个服务都可以独立开发、部署和更新，系统通过服务间组合完成系统功能调用，各服务之间采用 JS 对象标记（JavaScript object notation，JSON）封装的符合表述性状态传递（representational state transfer，REST）的接口设计风格，为第三方应用提供统一的调用服务。通过对服务模块最大限度地拆分，实现服务化的设计理念，大幅提高系统部署灵活性、可扩展性和可维护性，保证系统的健壮性。系统设计架构如图 5.14 所示。

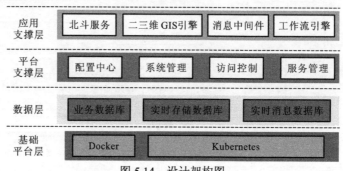

图 5.14　设计架构图

2）基于统一时空基准的数据管理

空间数据体系具有时空、多维、多尺度、海量等特点，统一的时空基准是有效处理利用空间数据的前提，可以提供一个高效、一致的时间空间定位基准，实现多源、多尺度、多时相数据的无缝连接和整合，保证地理空间数据的一致性、兼容性和共享性，大大提高数据的使用效率，是空间信息综合服务过程中数据质量、数据共享、数据使用的基础。

系统需要汇聚管理的数据来源多样、数据量大，需要按照统一的时空基准框架对地域上分散、特性上不同的各级各类地理空间数据及数据产品进行一体化的处理、组织与管理，从多个维度建立数据间的关联关系，完成复杂数据关系网络的更新与维护，为数据快速整合部署建立统一组织模型基础，为上层应用提供支撑，为用户部门数据节点的建设提供技术解决方案，支持多节点数据中心数据迁移整合的快速实现。

建立基于统一地理编码框架的时空模型，时间可以用数据的获取时间、事件时间来精确标定，基于时间信息可以方便地构建数据的连贯性；空间信息可以是精确的空间位置、空天图像的分辨率、矢量地图的比例尺等，通过统一的时空基准来关联、组织海量数据；通过建立基于时间、空间、事件的多源数据组织关联，支持元数据定义、事件的关联关系的调整及扩充，便于地理空间数据关联和积累。

3）海量异构数据的分类承载

（1）空间大数据处理和承载。在空间大数据处理和承载方面存在大量的遥感影像、矢量数据，它们具有规模大、增长快、模式多、来源广、处理复杂、时效性强等大数据特征，需采用大数据技术来实现对空间数据的存储组织、管理承载、关联融合及分析应用。针对空间数据特点，从大数据存储、计算、融合分析等方面，通过定制化大数据软件栈实现对空间数据的统一承载和高效处理，打通空间数据"采、存、管、通、用、看"的全生命周期管理。

空间数据具有海量、多源、多时相、多尺度、多类型的特点，针对这些不同类型的数据特点，将其抽象为如下三大类型数据。

①非结构化数据：包括人为生成的数据和机器生成的数据两类，人为生成的非结构化数据包括移动通信数据、音频和视频文件、Office 文档等，机器生成的非结构化数据包括卫星遥感和航空遥感数据、交通传感器采集数据、气象数据等。

②结构化数据：以矢量数据为主，包括基础矢量及地名等类型的数据。

③半结构化数据：典型的包括用于数据服务访问的大量缓存栅格瓦片（时间、空间都不断变化）。

针对这三类数据的特点，空间数据统一存储引擎中将研制三种不同类型的存储系统。针对非结构化空间数据的共享存储系统主要提供分布式文件系统功能，还可作为大规模并行空间信息数据库、海量栅格数据库及并行计算框架的底层存储，统一资源池管理可以实现多资源融合存储、共享。

存储平台是针对海量数据存储场景而设计的大规模通用集群存储系统，与传统集中式存储如盘阵、存储区域网（storage area network，SAN）或网络附接存储（network attached storage，NAS）不同，将价格低廉的通用服务器作为基本存储单元，使计算与存储分离，采用全局统一映射和可移植操作系统接口（portable operating system interface of UNIX，POSIX）兼容的 API 接口，此外在接口层面兼容 HDFS API，可直接与 Hbase、SQLlite、Spark 等 Hadoop 软件栈做对接。因采用同样的计算存储一体化架构，Hadoop 生态群的计算框架和组件可以透明运行于存储平台之上。

如图 5.15 所示，在架构上存储平台由智能存储服务器集群和元数据服务器集群组成，两者通过千兆/万兆以太网连接，打破了传统集中式存储系统的架构限制，可以有效避免单点故障，可靠性强，且价格低廉、集成度高，有很强的扩展性。分布式共享存储支持如下关键特性。

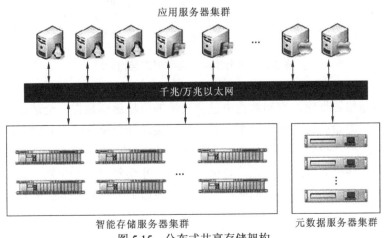

图 5.15　分布式共享存储架构

①完全兼容 POSIX 及 Hadoop 接口。

②提供副本之外的分布式纠删码（erasure coding，EC）低冗余数据可靠性机制。

③通过元数据集群技术提供高效的小文件访问性能及并发访问能力。

（2）大规模并行空间信息数据库。针对海量的结构化的时空对象数据及矢量数据，现有的单机版空间数据库无法满足规模及性能上的需求。大规模并行空间信息数据库采用大规模并行处理（massively parallel processing，MPP）架构，基于数据库非共享集群技术，实现数据分载和系统并行计算，根据数据类型、管理模型和特点进行存储和运算节点划分，在连网状态下进行协同计算，最后作为整体提供数据库服务。

如图 5.16 所示，并行空间信息数据库在架构上分层，从下至上由存储组件、计算组件、管理维护组件、交互接口组件组成，其中管理维护组件包括元数据管理组件、状态维护组件两部分。组件设计满足轻量化及模块化原则，任一组件故障都不会导致数据丢失或系统不可用，联机分析处理（online analytical processing，OLAP）计算引擎会智能选择降级运行，禁用部分功能。

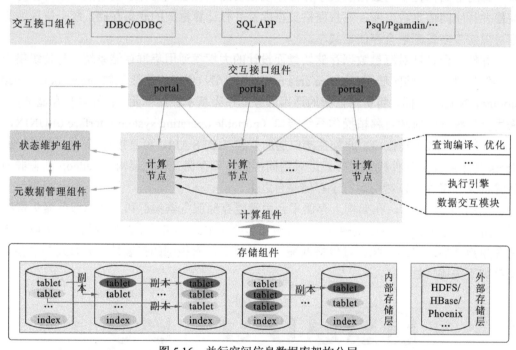

图 5.16 并行空间信息数据库架构分层

（3）海量栅格数据库。空间数据中包含大量的卫星遥感数据，全球影像数据经过处理分片后会产生海量的瓦片栅格数据，要求实时接入并全量存储，同时可满足低时延并发检索访问；此外在位置、导航及基于位置服务（location based services，LBS）等应用中，大量的时空传感器会产生巨量的时空点数据，并在时间维度积累形成相应的时序数据。针对这两种典型的半结构化数据，通过基于键值的分布式列式存储系统来支撑应用需求。

4. 关键技术

天空地多种探测手段、数据采集方式、组织管理策略等使获得的海量多源异构数据具有明显的复杂多样性，这些给大数据汇聚管理和后续分析应用带来极大挑战。采用不同采集方式获得的数据，一般按照其来源存在不同数据库或目录，在对特定区域或时间进行分析时，需要从不同位置进行数据的抽取，效率较低。而数据间存在内在联系，或互为补充，或有多对多及一对多的关系，数据的管理方式影响数据的使用效率。多源异构、海量的数据管理及表达方式已成为大数据集成急需解决的问题。

1）空天地网大数据一体化管理

天空地网一体化数据管理平台需要根据数据的特点将不同探测数据存放在不同的存储系统中，存放时提取时空等信息建立索引。天空地网一体化管理技术涉及流数据库、多媒体数据库、时空数据库和 XML 数据库等不同内容的数据管理技术。一体化管理技术需将天空地网多源异构大数据中的各类结构化和非结构化数据等在一个统一的时空基准框架下提取、整合成一个大数据分析集合，新的数据集可随数据源的扩展进行变化重组和灵活调整。

2）多维数据的分析索引及定位

存放于各存储子系统的原始探测数据，并不一定完全切合时空查询的参数，需要根据保存的索引对数据进行切分或合并等处理。研究合成数据的自描述 XML 规范，建立数据查询和返回接口规范，提供通过时间或空间信息查询全部或部分信息的接口。

3）面向应用的多维数据访问加速

探测数据存盘后，如果使用传统的存储系统既无法感知大数据的应用需求，也不能融合底层异构存储资源，导致存储系统无法按需适配。现代缓存系统的设计主要基于存储系统访问的空间局部性和时间局部性，但是多源数据的存储系统中多种数据间具有内在的关联性，而这种逻辑上的关联性并不具有时空局部性，导致直接使用现有缓存系统达不到预定的性能。需要研究基于数据内容和应用适配的缓存技术。为构建多种基于非易失性存储介质的异构新型存储系统，采用传统的软硬件方法难以满足需求，因此需要研究存储节点的构建方法，设计高效 I/O 栈，优化数据组织与管理。

5.1.3 数据资产全生命周期管理

1. 多源异构数据接入技术

针对进入大数据平台的数据资源，按照实时、批量、离线等多种数据流方式，提供多种方式的集成化数据接入能力。数据接入是指通过认识数据，定义数据从获取、处理、存储、使用到消亡全生命周期的流转机制及各环节的流程、方法和程序，根据数据定义将数据读入大数据中心，并完成与数据提供方的数据对账。通过多源异构数据接入技术，实现数据接入协议匹配、数据转换服务、数据探查、断点续传等功能。

1）数据自动化转换技术

数据自动化转换技术通过集成信息摘要算法（message-digest algorithm，MDA）、非对称加密算法（rivest-shamir-adleman algorithm，RSA）、数据加密标准（data encryption standard，DES）加密算法，对各种异构数据进行解码、解密、解压等简单操作，并生成数据 ID，作为全生命周期管理的重要标识。该技术支持对 HDFS、HBASE 等主流大数据存储的数据进行接入和数据转换，将数据转换为统一的处理格式。

2）异构数据适配接入技术

异构数据适配接入技术根据数据接入需求，广泛适配多源异构数据的接入，实现具有跨厂商、跨平台适配的能力，通过丰富的数据接入组件，支持按用户要求适配各类数据库，通过统一数据传输通道实现多源数据，实时、跨网和安全接入的能力，提供对不同业务系统和数据库的访问能力，为公安的数据抽取汇聚提供接口通道。数据来源包括视频网、公安内网、机场基础和业务数据、互联网数据。

3）数据元素探查技术

数据元素探查技术根据公安各类来源数据的业务含义、数据结构、字段格式等进行接入、匹配，基于格式解析，对字段、值域、分布、空值率、属性等特征信息进行多维度探查，从而认识数据并定义数据。

2. 异构数据并发处理技术

1）数据自动化清洗技术

数据自动化清洗技术主要是针对采集到大数据平台基础数据中存在的垃圾数据及非法数据，提供数据清洗服务，在数据加工过程中通过数据清洗过滤脏数据，保留合法数据。具体功能包括源数据格式分析、数据质量问题收集、脏数据查找等；主要实现对业务系统数据中关键的人员、物品、案件、组织、地点等要素的缺失或格式错误进行清洗处理。

2）数据关联比对技术

制订大数据体系中的多源多类型多尺度数据关联规则，通过数据间对照核查，将各类天空地网数据、数据模型相互关联起来，提高关联提取、关联分析的准确性和可靠性。提供数据比对服务，用于数据布控应用，按照规则将输入的线索数据与处理的数据进行相同比较或相似度计算，并支持按要求将匹配的中标的数据返回，包括对结构化、非结构化、结构化和非结构化融合三种方式的比对。

3）数据标识分发技术

构建标签知识库，结合各类传感器探测数据、业务运行数据、网络采集数据等数据的自身属性特点或关联比对结果确定数据标签，显性标识数据自身所蕴含的特性。制订数据分发策略，在数据提取、清洗和关联比对后，根据应用场景提供数据分发服务，分发过程可以是同步的也可以是非同步的。

3. 智能数据资产管控技术

1）数据智能对标技术

数据智能对标技术为满足数据对标工作需求，提供智能化对标和统计功能，满足海量数据的快速对标需求，提高数据对标效率，减少人工参与。基于基础知识库，根据数据字段的名称、类型、长度、描述等属性特征及历史对标结果，结合对数据元和限定词的智能推荐对标，然后通过图表方式实现对数据对标情况和对标后的结果进行统计和分析，包括对总体对标情况概括、数据元引用情况、代码集引用情况、问题分类情况的统计，完成数据对标和发布后，系统自动化生成所有数据清晰整合的任务和相关脚本，在进行对标任务发布过程中，可以对基础表的字段进行进一步修改，支持字段截取、字段翻译、字段替换、字段加密、字段解密、类型转换等智能化处理机制。

2）数据智能编目技术

数据智能编目技术是按照"公安数据资源目录注册接口规范"，确定公共安全所涉及大数据体系内各类数据的名称、摘要、分类、共享属性、ID 标识、公开属性等元数据信息。对完成注册的数据资源能够建立资产目录清单，依据各类元数据或者组织层级、业务应用等进行统一组织和发布。数据智能编目技术基于部级数据资源目录清单，根据标准表的结构，将数据资源目录的数据项与标准表的字段的重合度进行匹配，匹配度达到 70%以上的数据资源加入推荐清单，用户可以从智能推荐中选择合适的数据资源，系统显示数据资源的数据项与当前标准表的字段对应关系，用户可以进行进一步的筛选和匹配。通过数据智能编目技术大大缩短查询规范数据资源的时间，提升数据资源编目的效率，在后续数据对标和数据编目过程中，自动化采集历史对标和编目特征值，不断丰富完善数据元分类库和历史特征库，从而不断提高智能推荐算法的准确率。

3）数据血缘分析

（1）业务血缘分析。业务血缘分析支持业务级别的血缘关系，通过业务血缘从业务的角度查看数据表之间的关系，通过数据资产比对表之间的血缘关系来分析和洞察与这些资产关联的术语之间的联系，可以直观地分析出影响目的应用的业务系统。

（2）数据溯源分析。通过对数据血缘关系的建立，系统采用数据溯源技术，实现对数据表、数据行、数据字段的数据溯源分析功能，能够追踪各类数据的节点来源和相关处理过程，实现直观可视化展示。

（3）数据影响分析。建立数据血缘关系后，系统通过数据血缘实现对数据之间的影响分析，当数据出现异常时，向下可通过血缘追踪异常原因，向上可评估潜在风险和影响。一旦出现库表结构变更，可基于影响分析快速定位修改环节。

从某一表出发，寻找依赖该表的处理过程或其他表，当某些表发生变化或者需要修改时，评估影响范围，分析出一个数据表对象在数据处理链条上的所有影响。

5.2 海量多源异构数据集成存储

5.2.1 多源数据集成方式

建立分布式多节点体系，由数据中心负责在物理上或者逻辑上将多个分布在不同区域的数据节点、不同数据资源集中汇聚，需要为用户提供统一、透明的分发与共享服务，主要面临多源数据异构问题、分布式存储网络传输问题及集成后数据中心与分节点之间的数据同步问题等。

为有效解决上述问题，在大数据量数据汇聚时，可以元数据及其信息更新为实时汇聚主体，按需汇聚数据及产品实体。基于各类数据资源特点，建立一个公共的多源信息元数据模型，对所有公共元数据项进行统一规范，构建的软件插件作为主中心和分节点之间的中间件系统，通过统一的数据访问机制和策略，为用户提供统一的访问接口，并对两端交互数据进行转换实现动态集中管理。由于汇聚的是元数据信息，有效避免了大数据量数据实体传输的网络瓶颈问题，提高了高并发过程中的快速响应能力。

部分数据可以离线拷贝；部分数据在线或离线共享；部分数据通过有线网络接入，采用多层次部署、多层次服务方式动态追加至大数据。可以采用互联网爬虫技术抓取互联网上公开的兴趣点、舆情等数据。

5.2.2 异构数据存储管理方法

数据存储管理方法主要可以分为三种，即数据库存储管理、文件型存储管理及文件和数据库混合管理。

（1）数据库存储管理是将各种数据作为数据库中的记录进行存储管理，分为纯关系型数据库管理、对象关系型数据库管理及非关系型数据库管理三种。这种方式适用于小数据量、结构化数据，对非结构化、海量大数据量数据支持能力有限。

（2）文件型存储管理是将数据作为独立文件存储在集群式文件系统或存储设备中，利用文件目录结构进行分级管理。这种方式可以很好地支持非结构化、海量大数据，支持高可用和高并发访问，不易产生网络瓶颈，但对结构化、海量小数据量数据则管理不易。

（3）文件和数据库混合管理是介于上述两种方式之间的管理方法。一方面，可以将大数据量数据，如遥感数据、无人机航拍视频数据等，直接存储在集群式文件系统中，在数据库中记录元数据信息和存储路径；另一方面，也可以将文本信息、业务日志等小文件数据直接存储在数据库系统中，有效解决各种数据增加带来的管理难度增大等问题。

根据数据资源种类及特点，数据存储管理宜采用混合管理方式，一方面要确保网络信息、音视频等数据规范入库、统一存管；另一方面要确保数据安全和一致性，提高并发处理能力。

除此以外，整个存储体系架构采用云体系架构，可以有效改变数据垂直存储某一或某些固定设备的存放模式，通过存储虚拟化、分布式文件系统、底层对象化等技术将位于各单一存储设备上的物理资源进行整合，构成逻辑上统一存储的资源池对外服务，有利于容量扩展和服务能力提高。

5.3 多源数据多模态关联及可视化

天空地大数据环境旨在整合天域、空域、地域、网络空间等多个空间层次中传感器探测信息，产生、收集和存储的数据体量异常庞大、结构异常丰富、形式和种类异常多样，但同时蕴含的价值也异常巨大。传统多源信息融合技术、特征分析及理解方法往往局限于小规模少量探测信息的综合，难以适应天空地大数据环境的大数据融合管理、智能化决策等任务需求。因此，研究天空地一体化大数据环境下的多源数据多模态关联与可视化具有重要的科学和现实意义。

5.3.1 多源异构数据融合

针对公共安全数据信息密度低、关联性差、数据动态增长的问题，解决公共安全数据多对多数据关联网络建模技术、数据多对多关联关系持续动态在线更新技术，构建公共安全数据多对多关联关系分析及持续动态关系更新模型，实现公共安全数据的动态关联。

1. 元数据关联网络的构建

元数据即关于数据的数据，元数据是对数据的概括和抽取，内容主要包括数据名称、采集时间、位置说明、相关处理、数据精度等，一般是通过抽取所有数据实体的元数据信息，实现数据之间的智能组织和关联。元数据在数据管理、关联及检索中都具有至关重要的作用。

通过对不同地理空间元数据之间的语义关系及其相关度进行计算，构建以元数据为节点、语义关系为边、相关度为权重的关联网络，基于构建的地理空间数据元数据关联网络模型可以建立空间数据直接关联关系。该方法可以降低检索算法复杂度，与传统元数据检索方法相比，准确度更高。技术路线如图5.17所示。

在模型构建过程中，重点基于地理空间数据的基本特征和用户关注的元数据要素这两部分核心信息筛选用于关联分析的元数据特征，基于筛选的元数据特征构建语义关系和语义关联度，最终建立关联模型。模型构建的主体为地理空间元数据（图5.18），其中，空间特征（空间名称）、时间特征（时间词汇）、内容特征（内容关键词、内容分类）是地理空间元数据的本质特征，是用户语义关系重点关注的特征；数据提供者是地理空间元数据的必要特征，是语义关系描述的必要属性。

（1）空间特征：地理空间元数据中的空间位置及其空间拓扑关系的特征等，在关联网络构建过程中利用元数据构建空间语义关系。

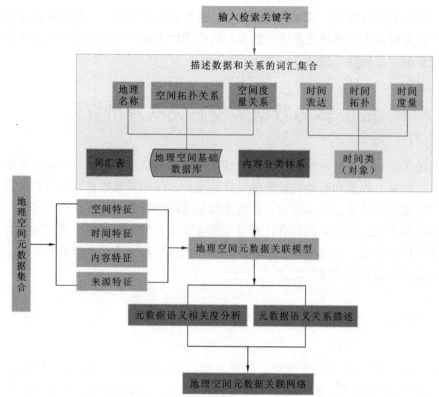

图 5.17 地理空间元数据关联网络构建的技术路线图

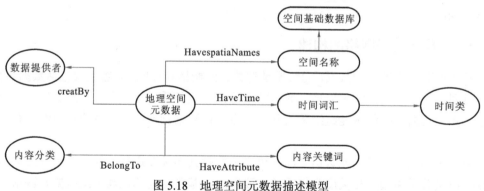

图 5.18 地理空间元数据描述模型

（2）时间特征：地理空间数据集所涉及事物或事件在现实世界产生、发展、消亡的时间，可以是一个也可以是多个，可以是时间点也可以是时间段，除时间记录信息外，还需要记录时间单位。

（3）内容特征：描述地理空间数据集所涉及的目标、事物、事件、类型等属性信息，是描述内容的集合。

（4）数据来源：数据生产单位或数据提供者，包括名称、单位、联系方式等属性。

2. 多源公共安全数据自动关联策略设计

在统一时空基准基础上，数据关联策略必须能够适应对象间不断变化的关联关系，必须能够适应时空属性的变化。这就要求组织模型能够感知应用带来的关联关系变化，能够自主调整模型的分类与关联结构，能够准确地将新数据进行归类、入库，便于智能检索与未来应用。多源公共安全数据自动关联策略如图 5.19 所示。

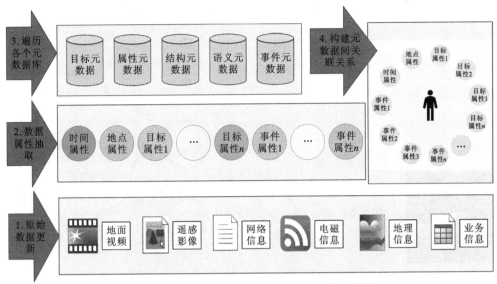

图 5.19　多源公共安全数据自动关联策略示意图

公共安全数据多对多数据关联网络建模以公共安全事件为核心，基于源数据、元数据、数据属性、数据内容和数据之间关系等诸要素，构建多源数据时间、空间、属性、语义之间的关联关系。当新的数据到来时，多源公共安全数据自动关联策略可以很方便地帮助人们把新的数据和已有信息网中的数据对象建立关联，这样可以在信息网的基础上考察新的数据，处理起来也更加容易。同时，新的数据日积月累，信息更加丰富，也将发挥更大的作用。

公共安全数据自学习自关联技术是为了解决数据的自动更新和动态关联的问题，主要包括两方面：一是统一时空基准与公共安全事件混合体系的构建，二是基于自学习的海量数据自适应动态关联技术。

1）统一时空基准与公共安全事件混合体系的构建

统一时空基准与公共安全事件的混合体系可以从时间-空间关联和复杂语义关联两个维度实现目标对象与对象间的关联关系（侯树强 等，2019），使目标和事件感知更易于刻画、描述和定义。统一时空基准与公共安全事件混合体系的构建如图 5.20 所示。

2）基于自学习的海量数据自适应动态关联技术

组织模型通过感知各种应用的关联关系变化，自主调整模型分类与结构，能够对新的数据进行准确归类、入库。分类体系主要是用来识别不同的感知对象。同类别的公共安全事件之间存在一定程度上的相似之处，在数据处理上有着同样的需求。要实现分类体系的学习，首先要先定义一个广泛的公共安全事件分类体系，能够尽可能地涵盖较多的公共安全事件，并具有一定的有效性、扩展性。对于已知的公共安全事件，按照分类体系对公共安全事件进行归属映射，每一个公共安全事件都归属于分类体系中的某一个

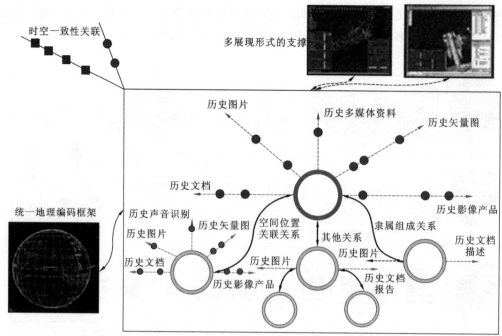

图 5.20　统一时空基准与公共安全事件混合体系的构建示意图

类别，这个类别可以是层次的。通过这个过程，不仅仅是给每个公共安全事件定义了一个类别，更重要的是定义了公共安全事件之间的关联，通过这种关联关系，数据不再是零散地描述各个公共安全事件，而是公共安全事件本身信息及与其关联对象所组成的一个信息网。从任何一个公共安全事件出发，都可以很容易发散到一系列与它相关的公共安全事件。

公共安全事件的分类体系可能并不是一成不变的，随着时间的推移、信息的变化，分类体系要能很好地适应数据，需要能够对分类体系进行学习的机制。分类体系的学习包括两方面：一是体系结构的学习，随着数据的丰富，可能需要增加某个类别或者子类别，或者修改某个类别的范围等，来使数据更好地统一在这个分类体系之下；二是公共安全事件的学习，当一个公共安全事件到来时，如果已有的分类体系中不存在该公共安全事件，就需要根据制订的标准把该公共安全事件归属到某个类别中，实现公共安全事件的不断补充完善。

公共安全多源数据的关联关系主要有时空关联、目标关联、属性关联和事件关联 4 种形式。

（1）时空关联。基于统一时空基准的数据关联是一种新型的数据关联技术，这种数据关联在传统信息关联与目标关联的基础上，更加注重数据的时空挖掘，希望通过统一的时空基准来关联、组织海量数据。提取数据的时间、空间要素，并通过时间、空间关联关系对各种多源数据进行融合和聚类，在此基础上综合比对、认证数据，既可提高数据关联的工作效率，又可发挥不同来源的高分遥感数据的综合效益，真实地还原获取数据信息的环境，提升数据的应用价值。

基于统一时空基准的数据关联需要进行数据的时空可视化分析。数据的时空可视化分析是对多源数据的各个组成要素在时间、空间和属性等各个维度上的各种关联关系进行可视化的技术。这一技术有助于形象直观地反映数据之间的关联关系，为用户进行信息分析提供重要手段，也为数据组织和智能检索提供帮助。数据的时空可视化分析技术，基于统一的时空基准框架，构建遥感数据在不同的维度（包括时间、空间和属性）关联关系的可视化平台，为数据可视化智能查询、数据显示、数据关联信息集成展现等提供服务。

（2）目标关联。面向目标的数据关联分析技术，首先要建立完备的公共安全事件体系，然后直接以数据包含的安全事件对象来关联数据。公共安全事件内容繁多，难以由单一侦查手段获得，不同数据生产部门对公共安全数据的需求也不尽相同。在公共安全事件中明确地或隐含地携带了目标对象信息，通过这些信息可以创建新的目标对象并由粗到细地厘清目标对象的属性信息，这个过程在理论上可以划分为 4 个步骤：目标对象收集、目标对象分类、构建关系、细化关系（图 5.21）。

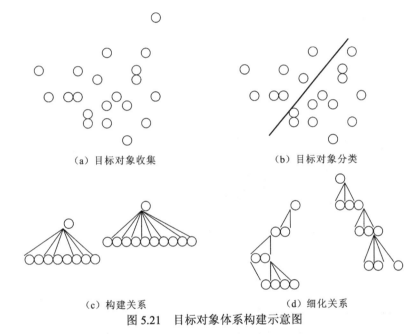

（a）目标对象收集　　　　　　　　（b）目标对象分类

（c）构建关系　　　　　　　　（d）细化关系

图 5.21　目标对象体系构建示意图

以航天遥感数据应用为例，系统需要处理的数据一般分为两种：影像产品及其辅助文件。对于影像产品，基于影像中目标对象的人工标注及数据产生式自动标注技术，对需要感知对象映射成向量表示。对于辅助数据中的文字信息，用结合最大信息熵和规则的方法，对需要感知对象也映射成向量表示。两者结合，统一完成基于感知对象体系的完整数据表达。

（3）属性关联。面向属性的数据关联分析技术，直接以数据包含的属性来关联数据。随着数据挖掘，特别是面向海量非结构化数据的网络挖掘的发展，这方面的技术越来越成熟。基于属性的关联技术主要需要用到文本分类和图像语义标注方法。

在多源关联组织中主要关注图像语义标注的方法。图像语义标注方法主要包括基于模型的标注和基于搜索的标注两种方法。基于模型的标注方法本质上是训练出一个基于统计学习或者图模型的多类分类器，对待标注图像进行分类。而基于搜索的标注方法假定用户拥有一些弱标注的图像作为先验知识，在与待标注的图像相似的图像的弱标注中寻找最优标注来完成标注。由于网络的发展，这样的弱标注先验变得极其容易获得，并且后者在处理大规模数据中的效果远胜于前者，所以这里使用基于搜索的标注方法，如图 5.22 所示。

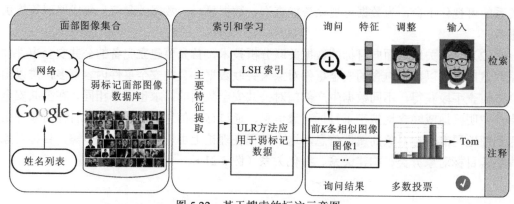

图 5.22　基于搜索的标注示意图

（4）事件关联。事件关联把地理空间数据集中大量离散数据以特定规则整合到一起，基于属性特征、逻辑推理、概率统计、机器学习等各种注意力和分析手段，找到离散数据之间存在的各种关系，如因果关系、先后顺序、并列关系等，以实现对事件相关数据的快速筛选和事件本身的整体分析。事件关联在许多方面都很有用，比如通过多种方式为人工的安全评估提供便利：从各种各样的源获取更适合人类理解的大量事件数据，自动检测已知的威胁模式的明确标志从而让检测攻击和破坏事件变得容易，以及通过事件标准化简化对未知威胁模式的人工探测。

5.3.2　分布式高性能渲染

天空地数据自动化产生的速度极大加快，能否有效地分析和利用这些感知数据已经成为决定信息技术能否在科学、商业、环境和军事等领域成功应用的关键因素之一。天空地数据具有量大、多态性、实时性、不确定性、多域、多维等诸多数据特点，对局部、对象或事件的描述呈现碎片化特征，将这些信息进行整合，从而重建出整体信息，是挖掘分析的基础和关键。此外，多域多维信息如何呈现，便于人工理解和互动又是决定广泛应用的关键。

为了充分一体化利用天空地信息，将基于重建的多维信息分析技术，通过对局部、对象或事件的碎片化描述信息进行重建，形成多域多维信息结构，基于此，利用多维信息分析方法，或通过数据驱动，基于深度网络等方法，构建多维信息分析映射模型，达到问题与目标任务的一体化映射。例如：多维变换理论提取频域信息，从二维傅里叶分析推广至多维傅里叶分析；从二维小波变换推广至多维小波变换；从二维冗余字典的稀疏表示推广至多维冗余字典的稀疏表示等。

1. 多维信息时空特征提取与配准技术

在天空地多源信息的重建中，首先应该完成时空特征提取。针对多维重建的典型任务，从多维时空特征集合中学习起关键作用的特征，形成关键特征子集。依据所提取的关键特征，从特征不变性入手，实现异源多维信息的高可靠配准。

2. 多维信息的一体化时空重建技术

随着天空地广域多源信息智能感知与探测技术的发展，融合卫星、航空、近景及激光雷达数据，使得获取天空地海量多源、多维、同时间轴的大数据成为可能。基于多源多维信息的一体化时空重建能更好地根据建模对象的不同时空属性来互相弥补各自的局限性。基于不同图像的匹配，实现目标显著性信息的时空互补和增强，从而进行多源多维信息的时空一体化重建，最终进行天空地一体化数据的可视化表达和可视化模拟，如图 5.23 所示。

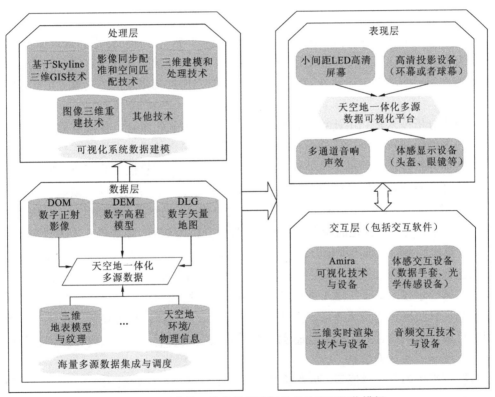

图 5.23　天空地一体化数据可视化表达和可视化模拟

基于单源的场景建模方法已经不能适用于天空地广域多源信息的一体化建模要求，因此基于多源多维信息融合的一体化重建技术成为发展趋势。对于任意观测场景，多维数据源的匹配技术（类似于数据融合）会遇到困难，特别是数据的不同尺度、不同亮度和噪声所产生的问题。

在大型场景建模中，国内外学者主要基于图像、雷达等数据源进行三维建模。图像一直以来是三维重建的重要数据源，从二维投影图像中重建出真实的三维模型。通常对于某一观测场景，不同角度航空或卫星图像由于获取方便、成本相对低，而成为三维重建主要的数据来源；激光雷达数据获取慢、造价高、数据分布稀疏甚至不可用，使得融合条件不存在。不同类型数据源之间存在非同期获取的情况，场景内容不相符而导致融合方法可能失败。此外，多个数据源之间的自动匹配同样存在困难。因此如何有效准确地匹配从不同获取手段得到的数据信息，建立观测场景的三维模型仍旧是未来急需解决的问题。

基于天空地多维信息的个性特征，发现来自不同源的数据（如传感器、环境信息匹配、数据库及人类掌握的信息等）之间的相似性及相互关系，采用不同方法进行预处理、匹配和重建，在各自坐标系下先分别实现大范围建模，最后实现这些数据的时间配准和空间配准。基于数据融合策略，充分利用图像、视频音频等多源异构信息，进行全方位、一体化的天空地广域多维时空场景的构建和可视化模拟。

3. 可视化分析技术和交互可视化技术

基于多源多维信息的一体化时空重建结果，研究天空地多维动态场景的交互可视化技术，进行天空地环境的可视化模拟，用于决策支持。基于可视化分析和人机交互技术，依靠全方位、一体化空天地多维信息的重建数据，进行全景交互式动态展示，实现便于应用的场景展示的功能，辅助人们更为便利地获取方位可视化效果，洞悉大数据背后的信息。

可视化分析技术是利用计算机软件算法及软硬件的优化组合，使离散数据生成有特定含义的图像而显示。可视化分析技术主要涉及三维仿真技术、虚拟现实技术、复杂数据可视互动分析技术及图形图像处理与显示技术等。随着信息技术的高速发展，基于可视化计算技术的信息交流已成为大数据有序管理和交互使用的重要攻关领域。

基于天空地多源多维信息的一体化时空重建的结果，仍然是大规模数据，其规模超过计算机的直接处理和可视化的能力。需要以可视化分析为基础，才能进一步进行交互可视化。时空重建数据的三维可视化分析，涉及的技术包括三维特征计算、三维识别、过程建模、纹理合成、三维动态简化和层次细节模型、GPU 硬件实例化、三维可见性计算等。

真实感展示技术基于三维可视化分析，以真实感图像的形式来表达。真实感展示技术模拟光在真实世界的传播效果，反映物体的形状、颜色、纹理等属性，反映光在物体之间的反射，效果符合人们的直观感觉。交互式真实感展示，也要实时合成出目标图像效果，以展示多源多维信息。

数据可视化和真实感展示，两者的叠加有利于增强可视化效果，便于决策者的理解，意义更大。

面向真实世界的大规模任务搭建并运行完整交互可视化系统，也是应对前述各种挑战的必要的实测和视觉检验的平台。构建天空地一体化的多维计算与可视化平台，综合天、空、地不同源的数据，基于人机交互技术，势必将提高大数据的使用效率，更加完善可视化效果。

4. 高频度大数据量实时交互技术

针对天空地一体化大数据，考虑可视化系统的巨大访问量，构建多线程缓存机制的互动实时交互技术。针对实时交互指令，构建多线程缓存，确保交互指令不会因为数据阻塞而丢失。同时，将交互指令存储在序列表之中，保证交互指令的有序执行。对于交互手段，研究界面交互、语音交互、手势交互及脑机接口交互等多种人机交互手段，实现丰富的交互行为。

5.3.3　业务调度模式及管理

1. 业务调度模式

对公共安全事件的分析需要对多源异构网络环境的综合业务数据资源进行综合管理和协同调度。天空地多源公共安全大数据分布于多个不同的网络在线系统，考虑不同来源系统数据的安全性、接入方式、数据格式及数据传输的网络环境，在对多源异构网络环境综合业务数据资源进行协同调度时，需要根据不同数据的特点及业务要求，设计不同的综合业务数据资源协同调度方案。

在数据的摆渡机制方面，根据数据容量的大小、数据传输时间的长短及数据频次的高低，考虑数据在传输过程中是否保证数据的完整性、正确性、实时性及业务展示效果等，进而在数据接收、报文解密/认证、病毒查杀（外）、格式审计、数据摆渡（拷贝）、病毒查杀（内）、格式转换、数据加密/签名和数据传输等过程制订不同的数据摆渡机制，实现对数据协同的调度管理。

在复杂组网设备运行管理方面，通过两级代理机制实现航空数据链及专线、卫星专线、互联网及视频专网等异构网信息的安全接入，具备基于两级代理的内网与外网规划、内外网名录管理与同步、内外网统一域名服务、外网协议解析与转换、内网认证和安全检测等功能。复杂组网设备运行管理服务包括复杂组网设备运行的创建、删除、监控等操作。大数据提供单元和大数据应用单元加入复杂组网设备运行前，复杂组网设备必须存在，如果复杂组网设备不存在，则需要首先创建一个复杂组网设备，复杂组网设备一旦存在，大数据提供单元和大数据应用单元便可按照复杂组网设备应用有意义的次序加入或退出复杂组网设备。

在信息枢纽数据管理方面，从数据源、数据类型、数据去向等方面完成多源数据的管理工作，并结合对用户权限、密码及身份的分析，实现对用户兴趣的按需分发。

2. 调度管理技术

面向分布式系统的云计算平台建设必须解决多中心管理问题。传统上会借助某个分中心实现内部集中管理，这种模式具有天然缺陷。首先，系统的管理维护受限于物理分布化的约束，很难做到中心管理员对所有中心进行定点定时的排查及维护。特别是机房环境和人员控制，按照现在的技术条件很难对机房环境的管理做到远程化和全面化。一旦分中心发生异常，中心管理员基本上无法做到实时地定位故障、解决问题。其次，从业务上看，各个分中心还存在大量本地化数据和业务，如果都通过网络传送到集中式的中心进行管理，无论对网络带宽还是对业务的连续性都会造成极大的压力。分布式管理却能很好地解决上述问题，并实现全局资源/配置视图的统一性与分布式管理的健壮性的统一。

多自治域管理是一种面向分布式系统的先进管理模式，主要通过把分布式的资源根据物理或业务属地的情况将整体系统划分为不同的自治域，每个自治域负责管理和维护本域内的资源、服务与业务，以此来保证业务的连续性。通过服务与资源托管技术来对系统整体的业务应用提供平台支撑，而有限责任服务接口技术可以实现对本地化资源、服务、数据等服务化封装与精细化访问控制。多自治域管理把资源划分为本地业务和远程共享两类，本地业务资源主要负责共享资源的系统运行稳定，远程共享资源由中心管理员负责分配使用，这种设计既能保证全局资源优化，又可以减轻集中管理运维压力。

分散的自治域决定了资源的分片化，如何做到资源的全局优化配置同时又不损失自治域管理的灵活性是一个重要的挑战。服务与资源托管技术是一个自治域运行其他自治域的任务或代为管理其他域资源所需要遵守的协议及相关框架支撑的总和。一个自治域系统根据自身业务的负载状况将其所有资源划分为私有资源和共享资源两个部分，其中私有资源为域自身业务所占用的资源总和，共享资源为自治域系统提供的全局可见并可以根据一定策略来使用的资源的集合。所有的共享资源由一个集中式的资源与任务调度域进行集中的管理，而共享资源的提供域只需要根据资源的类型来响应该调度域的资源管理请求，并维护它在生命周期内的正常状态。这种模式就相当于调度域系统把资源托管到各个自治域中，每个托管资源的自治域以服务化的接口来响应调度域对资源的管理操作。

同时，服务与资源托管技术需要复杂的访问控制技术来保证私有资源与共享资源之间的隔离，特别是在共享资源为具备访问存储、网络等资源的虚拟机时，这种隔离的需求更为迫切，否则会带来隐私泄露、任务互相影响等后果。

在多级信息服务中心的混合应用场景下，针对如何确定虚拟化与非虚拟化服务器规模比例、如何将大量云应用高效部署到异构混合的数据中心、如何调度运行时应用负载等方面存在的问题，在预测模型、调度算法方面进行探索研究，为云数据中心有效混合资源调度及其实现提供解决方法和核心技术。在多级云环境间，针对如何在保证应用的安全性的前提下，保证应用的服务质量并使花费最小化的问题上，在云间调度算法方面进行探索研究，为最大化韧性的效率并最小化云服务开销提供解决方法和核心技术。

云数据中心基础架构内部逻辑结构如图5.24所示。整个基础架构的调度部分包括对云异地数据中心资源统一深度监控、云应用特性分析、云应用区域规模划分、混合云调度、接口标准。其中，混合云调度部分的研究是核心，包括集群层的调度（应用部署和运行时调度）和节点层的调度（Hadoop节点间任务调度和其他应用节点间任务调度）。其中，云应用特性分析、云应用区域规模划分及集群层的调度属于管理节点和超级管理节点的工作范畴，而剩余部分则是各业务节点所涉及的技术。

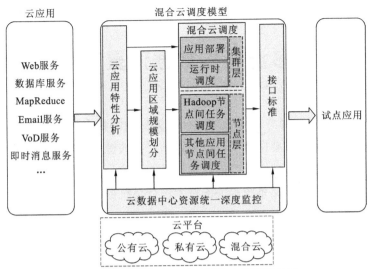

图 5.24 云数据中心基础架构内部逻辑结构

第6章 海量多源异构数据汇聚及协同管理平台

海量多源异构数据汇聚与协同管理平台是天空地海量多源异构数据汇聚与协同技术的典型应用系统，本章主要围绕平台框架设计、各关键系统组成、核心技术要求、系统与日常业务流程、平台接口设计等内容进行详细阐述，对平台搭建涉及的天空地大数据统一存储、分布式共享存储系统等关键技术进行系统梳理与分析。

6.1 平台集成框架

海量多源异构数据汇聚与协同管理平台采用"云+端"技术架构，整合多源数据模型，以分布式应用的需求为牵引，基于"平台+数据+应用"的模式开发多源大数据平台，为开展平台验证试验和应用提供环境支撑。系统架构如图 6.1 所示，技术架构如图 6.2 所示。

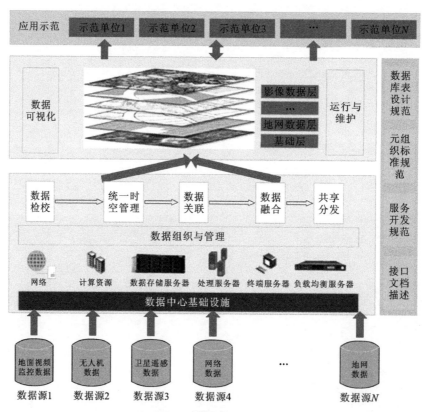

图 6.1 系统架构示意图

图 6.2　技术架构示意图

基础设施层为平台提供统一的网络资源、存储资源和计算资源等，为数据的综合管理提供可靠的运行环境，包括网络资源、物理服务器、存储服务器、磁盘阵列、机柜等硬件基础设施。

平台支撑层为平台提供基于大数据的分布式多类型存储系统和并行计算框架等，支持对遥感影像数据、地形数据、无人机倾斜摄影数据、基础矢量数据、位置/轨迹数据（含北斗）、物联网实时数据等进行高效存储和空间计算，提供多副本和并发读写能力、分布式共享存储、空间数据检索等，满足数据产品的规范化组织管理和高性能检索。

服务支撑层为平台提供统一天空地大数据存储引擎、天空地大数据融合分析引擎和天空地大数据服务承载引擎。其中天空地大数据存储引擎提供全量文件存储、高并发缓存存储、实时流式数据存储、关联数据存储、元数据存储等数据的统一存储；天空地大数据融合分析引擎通过整合通用并行计算框架，借助分布式图数据库及知识图谱技术，实现多源异构数据实体之间的关联及融合，可支持 PB 级多源异构天空地大数据的快速接入、实时更新及智能检索；天空地大数据服务承载引擎采用系统容器化、微服务化、动态化设计，实现对数据资源、服务资源的全局虚拟整合，支持服务的高可用运行、弹性伸缩、故障隔离、负载均衡等，较传统单体型平台架构提供更好的稳定性、扩展性、可用性及动态适应能力。

服务组件层针对各领域应用对天空地大数据接入、处理、管理及共享分发的功能需求，基于平台化的方式，给用户提供多影像、矢量、地形、倾斜摄影、地名在内的众多数据资源管理与服务共享。用户也可以遵循服务扩展规范和数据扩展规范，开发自己的扩展服务，以实现特定的数据分析、专业处理或业务应用功能。

服务接口层为平台提供数据访问接口，是服务组件层的外部呈现，接口类型包括网络地图服务（web map service，WMS）、网络地图平铺服务（web map tile service，WMTS）、网络特性服务（web feature service，WFS）等标准开放地理空间信息联盟（Open Geospatial Consortium，OGC）服务和基于 Rest 风格的数据管理接口、数据服务接口、功能服务接口等，为平台应用提供直接支撑。

平台应用层主要构建系统的业务应用功能，提供数据上传、时空检索、后台服务管理、服务发布、数据预览、智能服务检索、元数据管理、系统管理、运维统计、系统配置等功能。

6.2　平台系统组成

海量多源异构数据汇聚与协同管理平台由数据引接调度子系统、数据管理子系统、服务发布及共享子系统、数据处理子系统、查询统计子系统及可视化子系统组成（图 6.3）。

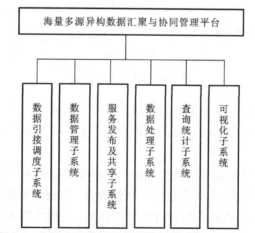

图 6.3　海量多源异构数据汇聚与协同管理平台组成

6.2.1　数据引接调度子系统

1. 概述

数据引接调度子系统主要是基于数据服务总线构建对接不同数据源的接口系统，引接同步元数据目录；汇聚公共安全数据成果和服务；对数据（包括元数据、实体数据）需求进行汇聚，为高数据量、多用户并发的需求响应处理提供有力支撑。

2. 组成

数据引接调度子系统主要包括数据引接任务、数据接入、数据汇聚、数据调度 4 个模块（图 6.4）。

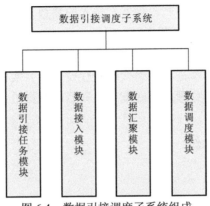

图 6.4　数据引接调度子系统组成

1）数据引接任务模块

数据引接任务模块通过容器技术、分布式消息队列技术、分布式协调技术，使整个数据引接过程具备容灾、负载均衡、动态扩容等能力。该模块配置信息外置协调服务，使引接模块可以同时启动多个副本实现负载均衡和热启动；多源数据的引接，根据预先设定的引接规则对数据源进行分类处理，将其数据源信息更改为配置信息，为每一类数据源分配一项引接服务。

2）数据接入模块

数据接入模块将处于不同地点的，或具有不同功能的，或拥有不同数据的多台计算机通过通信网络进行连接。接入的数据分为批次数据和流式数据，批次数据按照整批数据进行获取，再进行单条数据清洗，流式数据使得每条数据都在内存中做数据清洗。对数据源进行统一维护，由不同通道接入的数据可以参照数据源表进行统一规范，其中包括数据源的名称、时间、地点、属性；由于接入的数据质量是数据处理的基础，为了保证数据质量，需要对每一条数据进行清洗处理。

3）数据汇聚模块

数据汇聚模块是实现不同业务系统数据的汇聚，将数据加载到数据仓库中。按照数据汇聚方式，可以分为文件传输、数据抽取和内容爬取等。其中文件传输通过业务系统和网络系统，采取业务定制方式，将数据传输到数据仓库中；数据抽取只关注数据本身规范，可实现跨业务系统数据信息关联汇聚，应用场景多；内容爬取是针对无法访问数据库的情况，可从网页等抓取有价值信息，并加载到数据仓库。

4）数据调度模块

数据调度模块的目的是实现数据在本系统流转，如调度执行数据分析和数据处理的过程，并监控其执行状况，有些数据处理可能需要定期执行。包括以下步骤。

（1）定义数据交互内部接口，根据业务需要定义与各个系统交互的数据接口，定义方法名称、传入参数、返回数据方式和异常处理方式。

（2）接口实现，根据接口定义获取对应的配置，配置包含的信息有接口对应业务系统的地址、HTTP 请求实现的方式，接着对传入的参数进行验证、处理，有需要的进行加密，数据整合后，调用 HTTP 请求。

（3）HTTP 请求，从系统的网络配置文件中读取相关配置，根据配置信息对 HTTP 请求进行验证、加密、用户验证、网络代理进行设置后并实例化，发送接收到的请求，对返回的数据进行数据统一处理，返回统一处理后的数据给调用方。

6.2.2 数据管理子系统

1. 概述

数据管理子系统以卫星影像、矢量、地形、倾斜摄影等数据为基础，通过对数据的收集、分析、梳理，建立一个规范化数据组织管理和更新系统，具有如下特点。

（1）支持多源、多时像、多分辨率的统一遥感影像数据管理。

（2）支持历史数据统一整理，并归一化、标准化管理。

（3）支持影像、矢量、地形、倾斜摄影、航图数据管理，并支持高效检索、上传、下载、更新、删除等操作。

（4）支持数据和信息共享服务。

2. 组成

数据管理子系统由数据上传、数据下载、数据删除、服务更新、数据备份与恢复 5 个模块组成（图 6.5）。

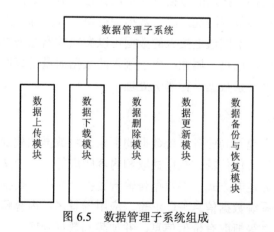

图 6.5 数据管理子系统组成

（1）接收到数据后，通过数据管理子系统上传功能将数据分类上传。

（2）数据管理子系统按照数据类型使用不同的策略对数据进行解析。

（3）解析数据后，系统创建数据目录，并将元数据信息存储到数据库中。

（4）已存储的数据，数据管理子系统支持影像、矢量、地形等数据发布为数据服务，可以在数据管理子系统中进行服务发布的操作。

（5）数据支持更新操作及删除操作，删除数据后，数据生命周期结束。

数据管理子系统流程图如图 6.6 所示。

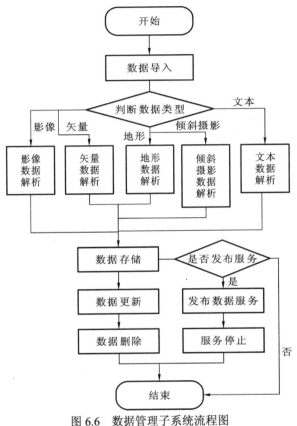

图 6.6　数据管理子系统流程图

1）数据上传模块

数据上传模块是对数据产品上传处理的模块，包含两种上传方式：一种是通过用户选择将本地文件，包含影像、矢量、地形、倾斜摄影、航图等数据上传到数据管理子系统中；另一种是通过服务器扫描模式，对前期配置好的服务器目录自动扫描，将指定数据格式的数据上传到数据管理子系统。

数据上传支持用户导入及服务器扫描两个模式，数据量较少及特定数据上传或者遗漏数据补充上传时采用用户导入模式，批量数据及多景数据采用服务扫描的方式上传。

数据管理子系统按照数据类型对元数据信息及实体文件进行分类解析及存储，数据实体目录按照卫星类型、产品级别等创建，对没有卫星类型及产品级别的数据按照种类及任务号等创建数据目录。

采用空间数据库对影像、矢量、地形等数据元信息进行存储，支持用户按照行政区、经纬度、载荷类型、产品级别、卫星平台等条件进行综合检索。

数据上传模块支持用户批量上传数据，用户能够通过系统界面查看文件的上传进度。

2）数据下载模块

数据下载模块是支持所管理的数据下载的模块。能够根据用户的需要将影像、矢量、地形、倾斜摄影、航图数据下载到本地，用户可以通过云目录查看数据文件，根据需要勾选数据文件，再提交下载请求，后台根据指令检索关联数据并下载到本地。

系统提供综合检索界面，用户可以通过查询检索功能将已经上传的数据进行查询及下载操作。

数据下载模块支持影像在数字地球贴图展示，方便用户直接感受数据的范围，为用户识别有效数据提供帮助。

数据下载模块支持数据批量下载。

3）数据删除模块

数据删除模块是对数据管理子系统中的数据进行删除操作的模块。用户通过云盘查看数据文件，勾选文件提交删除请求，系统将数据目录文件及真实文件从数据管理子系统中清理删除，删除前提示用户数据删除不可逆转。

数据删除模块支持批量删除操作，删除后元数据及实体数据均被清除。

4）数据更新模块

数据更新模块是对数据产品进行更新操作的模块。用户能够对文件的名称、文件目录、数据的元数据可修改的配置信息进行更新。通过本模块用户也可以对原影像等多种类型数据进行更新。

数据更新模块支持用户更新已存储的数据，支持对元数据部分未采集的数据进行编辑及提交更新，对已经存储的同名文件系统进行提示操作，提示用户数据已存在。

5）数据备份与恢复模块

数据备份与恢复模块是对数据进行备份及恢复的处理模块，可以定期对数据库进行备份及紧急备份，能够按照备份的数据内容进行数据的恢复操作。

数据备份与恢复模块支持数据库定期备份功能，备份时间及策略可配置；支持数据的导出备份功能，删除数据后，可以通过导入备份数据进行数据恢复操作；支持紧急备份功能，可以直接备份现有系统的数据库。

6.2.3 服务发布及共享子系统

1. 概述

服务发布及共享子系统提供影像服务发布并对服务进行统一管理（图 6.7）。多源数据可以通过服务发布向导直接进行服务发布。平台可以对发布的各类服务进行预览，支持方便地获取和复制具体数据发布的各类服务地址。

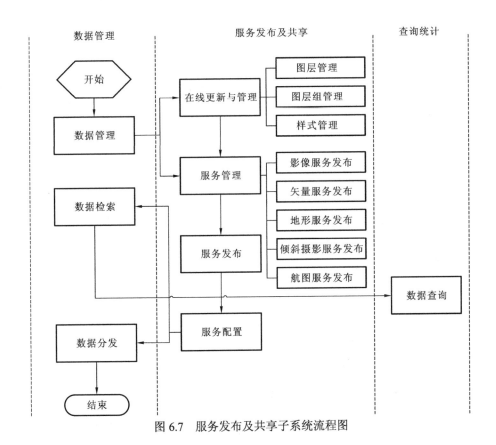

图 6.7　服务发布及共享子系统流程图

2. 组成

服务发布及共享子系统由图层管理、图层组管理、样式管理、服务发布 4 个模块组成（图 6.8）。

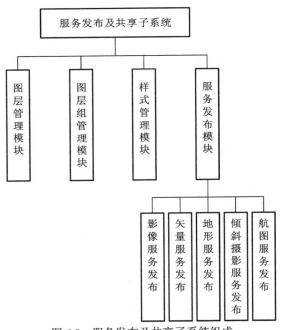

图 6.8　服务发布及共享子系统组成

1）图层管理模块

图层是服务发布及共享子系统的一个构成部分，图层管理提供对数据的属性信息的管理及发布。支持查看图层地址、图层详情、图层切片及删除图层。将图层发布为 WMS、WMTS、TMS 等 OGC 标准格式。在图层发布界面可以对图层配置 WGS84、CGCS2000 等坐标系和经纬度边框，并支持对图层发布风格进行调整。

2）图层组管理模块

图层组将多个矢量图层和影像图层统一组合发布。服务发布及共享子系统支持对图层组进行管理，支持查看图层组地址、图层组详情、图层组切片、删除图层组等，可以将图层组发布为 WMS、WMTS、TMS 等 OGC 标准格式。支持对图层组的每个图层分别配置坐标系和发布风格。

3）样式管理模块

服务发布及共享子系统支持导入图层的符号样式风格化图层描述器（styled layer descriptor，SLD）文件，可以对点、线、面、注记、栅格符号等不同类型要素进行形状、厚度、颜色、填充等设置，可以查看或删除样式；支持自定义配色制作专题图，在发布图层服务设置中添加样式并进行保存，不同数据实现不同效果。

4）服务发布模块

服务发布模块是服务发布及共享子系统的数据服务总集模块，提供涵盖影像服务、矢量服务、地形服务、倾斜摄影服务、航图服务等服务的承载与管理。外部接口关系图如图 6.9 所示，外部接口说明如表 6.1 所示。

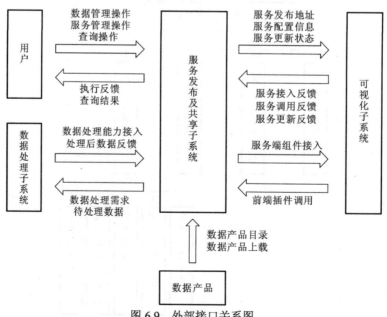

图 6.9 外部接口关系图

表 6.1　外部接口说明

发送方	接收方	接口内容	接口类型
用户	服务发布及共享子系统	数据管理操作 服务管理操作 查询操作	控制接口
服务发布及共享子系统	用户	查询结果 执行反馈	控制接口
数据产品	服务发布及共享子系统	数据产品目录 数据产品上传	数据接口
服务发布及共享子系统	数据处理子系统	数据处理需求	控制接口
		待处理数据	数据接口
数据处理子系统	服务发布及共享子系统	数据处理能力接入	控制接口
		处理后数据反馈	数据接口
服务发布及共享子系统	可视化子系统	服务发布地址 服务配置信息 服务更新状态	控制接口
可视化子系统	服务发布及共享子系统	服务接入反馈 服务调用反馈 服务更新反馈	控制接口
服务发布及共享子系统	可视化子系统	服务端组件接入	控制接口
可视化子系统	服务发布及共享子系统	前端插件调用	控制接口

（1）影像服务发布。影像服务包括基础影像服务和产品影像服务。

基础影像服务支持以 GVMBTiles 的地图瓦片存储开源标准格式和 GVHBase 的自定义瓦片存储格式两种类型的基础影像数据的导入、展示、检索、发布和下载。基础影像服务支持把多张或多组带有地理空间信息的影像按照时间和空间关系，分别导入一个基础影像数据中，应用于类似通过不同时间的影像展示同一区域随时间变化的情况。基础影像服务支持创建基础影像、基础影像更新、基础影像预览、基础影像发布等功能。

产品影像服务的数据源既可以是单个影像，也可以是镶嵌数据集中的影像集合。产品影像服务支持产品影像数据的导入、展示、检索、发布和下载。影像服务都支持将影像发布成 WMS、WMTS 和 TMS OGC 标准格式。影像服务支持缓存技术和金字塔技术，从而提升通过影像服务访问影像数据的性能。

（2）矢量服务发布。矢量服务需要先将矢量数据用 shapefile 格式、ZIP 包形式添加，支持对矢量数据进行导入、展示、检索、发布、下载等操作。通过矢量服务详情，可以查看该服务的详细信息，包括查看服务的切片进度、查看矢量服务地址、预览矢量服务等。同时矢量服务支持将常规的矢量数据发布成 WMS、WMTS 和 TMS OGC 标准格式。可查看已经发布的矢量服务，列出了每个矢量服务的名称、瓦片格式、格网集、层级范围和切片状态。

（3）地形服务发布。地形服务包括基础地形服务和产品地形服务。

①基础地形服务。基础地形服务支持 GVMBTiles 形式的 Terrain 数据。这种格式的数据需要通过数据处理服务由 tif 格式的数据导入、更新、展示、检索和下载。基础地形服务与基础影像服务类似，可以把多张或多组带有地理空间信息的高程数据按照时间和空间关系，分别导入一个基础地形数据中，支持基础地形创建、基础地形更新、基础地形预览、基础地形发布等功能。

②产品地形服务。产品地形服务支持纯 tif 文件格式的 DEM 与 DSM 两类数据的导入、更新、展示、检索和下载。地形数据用于展示地形的起伏。

地形服务支持将地形数据发布为 Height Map 格式和 Quantized-Mesh 格式。

地形服务支持缓存技术，从而提升通过地形服务访问地形数据的性能。

（4）倾斜摄影服务发布。倾斜摄影服务支持开放场景视图二进制（open scene graph binary，OSGB）和 Cesium3DTiles 格式的倾斜摄影数据的导入、展示、检索和下载。支持浏览 OSGB 倾斜摄影模型数据，只需发布服务，无须事先进行数据转换。同时支持模型属性信息的查询和展示。

（5）航图服务发布。对航图数据进行预处理，将其转换为符合入库要求的数据格式，并发布为 OGC 标准格式。

6.2.4　数据处理子系统

1. 概述

数据处理子系统支持将网络接入点分布、通信频段分布、空域与航迹规划、场站分布、塔台分布等制作形成专题图，存入地理信息数据库；支持影像数据坐标转换、影像裁切。

2. 组成

数据处理子系统由专题图制作和影像处理 2 个模块组成（图 6.10）。

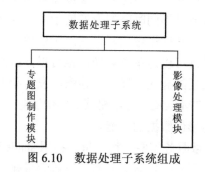

图 6.10　数据处理子系统组成

1）专题图制作模块

专题图制作模块由制图模板管理、专题图整饰和专题图生成 3 个功能模块组成。

（1）制图模板管理功能可以根据使用习惯，预定义制图模板，并将模板合理化管理，在制作时选择对应的模板。支持模板的编辑，将常用的制图模块新增进模板中，将不常用的制图模块从模板中去除，以保持模板的实用性。

（2）专题图整饰功能支持网络接入点分布信息、通信频段分布信息、空域与航迹规划信息、场站分布信息、塔台分布信息等要素，进行在线的可视化展示，将地球上展示的信息保存为专题图。对保存的专题图进行添加标题的操作，标题支持自定义文字的字体、大小、颜色等信息。支持添加专题图描述的操作，描述支持自定义文字的字体、大小、颜色等信息。支持设置比例尺的操作，比例尺默认读取当前地球的比例尺，同时支持自定义比例尺，并支持自定义比例尺的样式等操作。支持设置图例的操作，图例默认读取当前地球图层的图例，同时支持自定义图例种类、样式的操作。支持设置指北针的操作，可以选择预定义指北针的样式。

（3）专题图生成功能支持将整饰后的专题图进行导出操作。生成专题图时可选择将专题图输出为 jpeg 的图片格式，也可以选择生成 doc、pdf 等文档的格式。

2）影像处理模块

影像处理模块由坐标转换和影像裁切功能模块组成。

（1）坐标转换功能主要构建以 CGCS2000 为基准的全球地理空间框架，实现多坐标系统的转换，支持无参数的动态转换、有 4 参数的转换和有 7 参数的精确转换。

（2）影像裁切是指在影像上根据需要，裁切出所需的较小的影像区域，所裁切区域生成新的影像文件。待裁切的影像包含了用户所需区域，通过掩膜等方式裁切出新的结果文件。影像裁切可支持多种裁切方式，包括感兴趣区绘制裁切、输入四角经纬度坐标裁切、中心点和分块大小裁切、自定义多边形裁切、矢量区裁切等。标准图幅裁切是按照国家标准比例尺的地图分幅，标准分幅的每一幅数据都有固定的分幅编号，根据分幅编号可以确定比例尺，确定分幅的范围。影像批量裁切是使用一个掩膜，将列表中所有的影像数据进行裁切。矢量文件要求输入矢量掩膜数据，作为裁切的边界。通过使用影像列表中的添加影像按钮添加要裁切的影像。

6.2.5 查询统计子系统

1. 概述

查询统计子系统实现海量地理信息数据的查询和统计分析，通过不同维度对多源影像数据、矢量数据、专题图数据、航图数据等地理信息数据产品进行查询、加载显示和浏览查看，提供统一的查询结果界面可以直接进行相应的数据打开操作。系统提供数据量统计和文件数量统计，使用多种类型的统计表直观且形象地将多源数据统计值展示于界面，系统地、清楚地反映客观实际数据和文件的情况，为决策者提供信息监督服务。

2. 组成

查询统计子系统由空间查询、时间查询、叠加查询、图幅号、数据名称、shp/kml、地名查询、数据量统计、文件数量统计 9 个功能模块组成（图 6.11）。

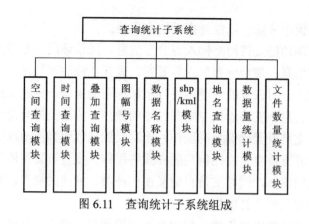

图 6.11　查询统计子系统组成

1）空间查询模块

空间查询利用空间索引技术，从海量的空间数据库中查询满足给定空间条件的数据。支持按照经纬度、图幅（1:100万～1:5万）、矩形查询、地图（手动绘制多边形等）、导入文本文件、行政区划查询（精确到乡镇）等多种空间查询方式，支持绘制范围多边形，并按设定的距离条件，形成具有一定宽度范围的空间缓冲区查询。

2）时间查询模块

时间序列数据将影像数据成像时间和其他数据入库时间作为筛选条件，通过数据类型与时间条件进行配合查询，并通过设置成像时间和入库时间范围查询不同时间范围的数据。

3）叠加查询模块

多源数据可以通过多种属性要素与条件进行任意组合搭配查询，系统提供时间-空间-属性一体化组合查询，影像数据的属性条件包括卫星、传感器、分辨率、产品级别、云量、采集时间、景序列号、数据产品号等。

4）图幅号模块

我国基本比例尺地形图均以1:100万地形图为基础，按规定的经差和纬差划分图幅。通过计算得出不同比例尺下的相应行数和列数，建立图幅经纬网格。输入图幅号可以查询范围内影像。

5）数据名称模块

数据上传时系统自动获取文件名，系统支持根据数据名称针对性地对某个数据进行查询。

6）shp/kml模块

通过入库时间、经纬度、地图绘制多边形范围等条件查询检索矢量地图，从查询结果列表中点击单个矢量数据，系统打开并加载矢量数据，自动定位到该矢量数据经纬度范围并与基础影像地图进行叠加显示。

7）地名查询模块

系统对地名进行管理和分级浏览，支持对地名进行查询、搜索定位及显示控制。

（1）地名分级浏览：地名分级浏览主要对全球主要国家地区及中国区县村级别的地名进行分级管理，快速加载和渲染地名。

（2）地名查询：查询地名信息，按照查询条件列出查询结果。

（3）地名搜索定位：输入地名进行搜索，从搜索的结果中进行选择，可以定位到地名所在地理位置。

（4）地名显示控制：地名显示控制主要是控制地名信息的显示和隐藏，以满足不同条件下的浏览需求。

8）数据量统计模块

数据量统计模块提供卫星分发量统计分析、卫星数据传输统计分析、卫星数据类型统计分析、卫星数据级别统计分析、专题类型统计分析及卫星数据应用情况统计分析功能，通过数据量统计模块可以迅速掌握数据资源总体情况、数据应用趋势，监控系统资源，支持评估数据在相关行业的应用效能，为支持系统面向行业推广应用提供技术评定参考。

（1）卫星分发量统计分析：根据卫星分发时间按照天、月、年对卫星分发量进行统计分析。

（2）卫星数据传输统计分析：根据卫星传输开始时间、传输结束时间、传输数据总量等进行统计分析。

（3）卫星数据类型统计分析：按照卫星数据类型、数据归档时间、数据总量等进行统计分析。

（4）卫星数据级别统计分析：按照卫星数据级别、数据归档时间等进行统计分析。

（5）专题类型统计分析：按照专题类型、专题类型数据总量、专题类型归档时间等进行统计分析。

（6）卫星数据应用情况统计分析：根据卫星数据应用情况，按照归档时间对数据应用情况进行统计分析，分析数据应用趋势。

9）文件数量统计模块

文件数量统计模块提供文件类型、归档时间等的统计分析，通过柱状图和折线图可以迅速了解系统内文件的整体情况和不同类型的文件数量。通过实时折线图直观地体现文件入库数量趋势。

6.2.6 可视化子系统

1. 概述

可视化子系统是基于统一时空框架，整合了多源数据，在基础地理环境基础上，具备空间分析、标绘、信息叠加等功能的综合展示分析平台。系统将基础地理环境数据、多源数据、专业基础数据、分析结果数据等资源整合到一个门户平台上，建立一个灵活规范的信息组织管理平台和全网范围的网络协作环境，面向各级用户，以空间信息展示的方式提供全方位数据、信息与技术支持。

2. 组成

可视化子系统由统一时空框架、基础环境构建、多源数据可视化、信息叠加、空间分析和标绘 6 个模块组成（图 6.12）。

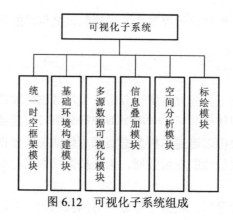

图 6.12　可视化子系统组成

1）统一时空框架模块

统一时空框架模块采用 2000 国家大地坐标系或 WGS84 坐标系的平面基准，采用北京时间的时间基准进行时空基准框架的构建。

2）基础环境构建模块

基础环境构建模块包含底图设置、图层管理、时间轴、雨雾特效、信息栏、指北针、鹰眼和缩放的功能。

（1）底图设置：支持设置地球的底图，包含影像设置、注记设置和地形设置功能。

（2）图层管理：支持对加载到场景中的数据图层进行显隐控制。

（3）时间轴：支持将系统内的数据组织成统一的时间标准。

（4）雨雾特效：支持雨雾特效的模拟显示。

（5）信息栏：对地球的当前坐标、视角高度等基本信息进行展示。

（6）指北针：支持地球的方位控制，显示地球方位的功能。

（7）鹰眼：以小窗口的形式展示鼠标区域的地图信息。

（8）缩放：支持以鼠标操作地球的显示级别。

3）多源数据可视化模块

多源数据可视化模块具备海量数据的快速加载和强大的数据展示与交互能力，支持基础影像、时序影像、矢量地图、DEM、DSM、倾斜摄影、三维模型、多级地名、街景等各类地理信息数据可视化，通过二三维一体化的形式进行数据可视化，给用户带来直观高效的地图交互与结果呈现。

多源数据可视化模块包含以下功能。

（1）影像数据可视化。多源数据可视化模块可支持全球影像数据的高效加载，数据格式包括 WMS、TMS、WMTS 等。

（2）三维地形渲染。多源数据可视化模块中加载地形数据采用金字塔结构，通过构建不规则三角网模型进行含有大量特征线的地形数据渲染，从而渲染出起伏效果更逼真的地形数据。多源数据可视化模块支持加载以 TMS、WMS 等服务形式发布的 terrain 格式的地形瓦片数据。

（3）矢量瓦片数据可视化。多源数据可视化模块支持接入栅格服务或矢量瓦片服务的方式发布的矢量数据。

多源数据可视化模块支持对批量的矢量点、线、面数据进行可视化，支持对海量（百万级）点数据高效渲染及属性查询；支持对海量（十万级）线数据的高效渲染及属性查询；支持对海量（上万级）面数据的高效渲染及属性查询。支持 Geojson 矢量瓦片直接以纯矢量的方式在客户端渲染，可在客户端渲染时进行配色，这种方式保持了矢量数据应有的光滑细腻，规避了栅格加载时文字被贴在地表，对象不能被点选查询属性、地球放大导致虚化或者锯齿状的问题。

（4）地名数据加载。多源数据可视化模块支持全球地名数据、POI 数据的动态加载，根据相机操作的范围和高度，进行地名数据分层分级显示，并且进行地名碰撞检测和自动避让，从而避免大量地名数据叠加显示造成视觉的干扰。

在多源数据可视化模块中，地名数据以矢量瓦片的方式加载，避免了以栅格图片方式渲染时地名贴合在影像上，保持了地名数据的立体感和可视度。

多源数据可视化模块包含以下数据的可视化模块。

（1）三维数据可视化模块。通过三维渲染引擎，能够在多源数据可视化模块中快速构建逼真的三维场景。支持虚拟现实设备的检测和输入交互，方便三维实景数据的快速展现。支持大数据量瓦片式倾斜摄影数据的调度机制，包含数据的加载、卸载等功能，从而实现数据的按需加载；支持对倾斜摄影建筑模型的单体化和压平；支持对建筑信息模型数据的高效渲染；支持对 icenter 发布的 3DTlies 格式大数据量激光点云的调度，可以对点云数据进行加载或卸载，实现数据的按需加载；支持对三维精细模型及白模的高效加载。

（2）多媒体数据可视化模块。①视频数据加载。视频是三维实景场景中的一个重要支撑信息，尤其是在各地已经安装的摄像头资源极度丰富的情况下。多源数据可视化模块支持获取视频加载点位置及视频服务数据，从而将相应的视频数据加载到底图数据上，在交通上能实现摄像头记录的交通路况数据在地图上的实时显示。②照片数据可视化。照片是三维实景场景中的另一种重要支撑信息，多源数据可视化模块支持加载含有经纬度信息的照片数据（jpg、png 格式）。多源数据可视化模块在加载照片数据时，首先进行照片数据的经纬度信息解析及缩略图生成，从而方便地以固定的坐标点加载到三维球上。

（3）业务数据可视化模块。多源数据可视化模块支持对业务报表数据的可视化，并可从不同维度进行分析，以柱状图、饼状图等多种方式进行展现；支持和 echarts 等结合实现三维球和非球的联动可视化。

（4）航图数据可视化模块。航图数据可视化模块支持将航图发布为 WMS、TMS、WMTS 等格式的服务并进行可视化。

（5）专题图数据可视化模块。专题图数据可视化模块支持专题图数据可视化。

4）信息叠加模块

信息叠加模块包含专业航图叠加功能和空情信息叠加功能。

（1）专业航图叠加功能可支持将专业航图通过数据管理子系统，发布成 WMS、TMS、WMTS 等格式的 web 地图服务，信息叠加模块调用这些服务，实现高效加载。

（2）空情信息叠加功能可支持将空情信息叠加在航图上显示，支持点击空情信息、弹出空情信息的详细面板、查看空情信息的详细信息功能。

5）空间分析模块

空间分析模块包含面积、距离计算等算法，可快速构建三维空间量测与分析功能，方便用户在三维场景中进行空间距离、面积、视域等空间量算及分析，具体包括如下功能。

（1）三维量测分析功能。空间分析模块可实现的量测功能：空间距离量算，通过选择空间内的任意两点或多点，计算一段或多段空间距离，并显示距离值的功能；高度量算，通过计算空间内任意两点之间的距离，来获得两点之间的海拔高度差的功能；空间面积量算，通过选择空间内的任意三点或更多点，可计算空间内任意形状的平面面积，并显示面积值。

（2）三维空间分析功能。空间分析模块可实现剖面分析、缓冲区分析、淹没分析、填挖方分析、叠置分析、区域坡度分析、区域坡向分析、山体阴影分析、等高线提取、空间交并差等空间分析；并可实现直瞄、间瞄、路径分析、遮蔽分析、观察所分析、选址分析等复杂分析功能。

6）标绘模块

标绘模块包含点标绘、形状标绘、文本标绘、模型标绘等基础标绘工具，还可进行属性标牌标绘，三维高级态势标绘，通过用不同类型的符号（栅格或矢量）描述各种业务对象，表示各种资源，从而进行复杂场景的标绘操作，构建推演场景，满足各个行业用户的需要。

（1）基础标绘功能包括标绘管理、点标绘、形状标绘、文本标绘、模型标绘、属性展示。

（2）标绘管理功能，可实现标绘场景保存、打开、叠加、标绘清除等操作。场景保存，可以将当前的标绘场景保存为一个配置文件到本地；场景打开，可以通过打开之前标绘场景配置文件，加载场景中的所有标绘；场景叠加，支持叠加多个标绘场景，加载多个标绘文件中的所有标绘；标绘清除，支持将地球上所有的标绘符号清除。可实现点、形状、模型、文本等基础标绘，可以进行 JB 标绘，提供标绘统一管理，包括创建、复制、粘贴、删除、重做、编组等。可实现对标绘符号的管理和属性设置，包括位置、大小、颜色、线宽、线型、填充、贴地方式等。可实现对标绘符号的管理，支持自定义标绘符号导入，可以让用户自己新建或导入相关的业务标绘符号，支持已有标绘符号分组、排序、删除、重命名、检索等。

（3）点标绘：可实现在三维球面进行点标绘，可以选择点标的样式，包括矢量点、图标点等，进行相应的标绘。可进行点标的属性设置，包括：点标的名称；点标的文字字体、大小、颜色、背景色、描边、文字的对齐方式等；矢量点的像素大小、颜色、透明度；矢量点的边框设置、边框颜色、边框透明度、宽度等。支持选择并加载图标；支持对点标上传附件，支持的附件类型包括 PDF、照片、视频、链接等；可选择图标标绘；可以通过经纬高进行文本的标绘位置调整；可设置图标标绘的透明度、大小、旋转角度等；可以设置点标的坐标位置、延伸线；可以进行点标符号的上下平移；可以显示点标的名称及附件信息。

（4）形状标绘：可实现在三维球面进行形状标绘，可以选择形状的样式，进行相应的标绘；可实现形状标绘最佳视点设置：用户标绘完成后，选择最佳的标绘显示视角，可以进行视点设置，保存该视点；当用户再次加载该标绘符号时，以保存的最佳视点显示。

（5）文本标绘：可实现在三维球面进行文本标绘，可以通过文本编辑构建文本的格式；可实现文本标绘最佳视点设置，用户标绘完成后，选择最佳的标绘显示视角，可以进行视点设置，保存该视点；当用户再次加载该标绘符号时，以保存的最佳视点显示。

（6）属性展示：可实现在三维球面添加标牌，根据用户的意愿添加不同的展示效果；在某位置点上展示详细信息，或是附带图片、视频、响应事件等。

态势标绘在电力、通信、应急等各个行业和领域均有广泛而重要的应用，标绘模块提供了三维高级态势标绘，来对船舶、飞机等态势目标进行可视化。通过各种符号（栅格或矢量），设置不同的态势样式，描述各种业务对象，表示各种资源；支持态势操作的添加、移除；支持轨迹线的绘制和目标的框选，从而进行复杂场景的标绘操作，构建推演场景。

在标绘模块中可实现点类型态势标绘及线类型态势标绘，点类型态势标绘通常可以用来表示指挥所、基地、办公区、厂房、人员、装备等位置设施，而线类型态势标绘通常可以用来表示进攻方向、救援方向、部署规划等内容，从而构建类似火灾应急演练、双方对抗演习等应用场景。

6.3　平台技术要求

平台具有完善的安全管理机制，符合国家/军队有关的计算机信息系统安全保密防护要求。具体技术要求如下。

（1）接入数据类型不少于 10 种数据源，含 6 种遥感数据（可见光、热红外、多光谱、高光谱、微波、低照度）和地面采集数据等。

（2）支持 0～4 级高分遥感数据产品、0～3 级立体测绘数据产品、航拍摄像机成像产品、北斗定位数据、激光雷达数据产品、矢量和栅格基础参考数据、系统日志数据等类型数据的存储。

（3）提供试用许可和永久许可两种类型的许可控制。

（4）支持全种类数据文件、服务切片进行存储。

（5）百 GB 级影像地形数据支持。

（6）千兆级矢量数据支持。

（7）支持>200 km^2 倾斜摄影流畅加载。

（8）服务端支持高可用，标准版可服务两个实例。

（9）支持 100 个服务并发访问，同时支持 500 个用户并发访问。

（10）具备编目数据处理能力，每条编目数据处理时间≤2 min。

（11）万兆网条件下，数据批量导入速率>100 MB/s。

（12）数据瓦片浏览性能>4 KTiles/s（800 MB/s）。

（13）具备数据冗余备份及快速恢复机制。

（14）系统可靠性满足 7×24 h 不间断服务要求。

（15）系统可用率≥99.9%（系统每年不可用时间小于 9 h）。

（16）以 API 形式面向用户开放，提供集成、二次开发支持。

（17）二次开发工具包 SDK 提供完整的服务开发规范和开发实例。

（18）提供了核心服务的开发接口供用户直接调用。

（19）采用微服务架构理念，通过松耦合、易应用的方式，部分功能的维护、更新不会影响其他系统正常运行，而且完善日志管理机制，为系统运行中出现的问题提供参考依据。

（20）平台能够部署在 Windows10、Windows server 2016 以上、Linux CentOS 7.2 以上的系统环境。

（21）能够适应艾宝、联想等自主基础硬件平台环境。

（22）支持在国产 CPU 和操作系统的环境上运行，包括基于龙芯的中标麒麟和基于飞腾的银河麒麟。

（23）具有全面的日志安全审计措施，对系统安全情况进行跟踪记录，并提供完善的权限认证机制。

6.4 系统流程

系统流程设计如图 6.13 所示。

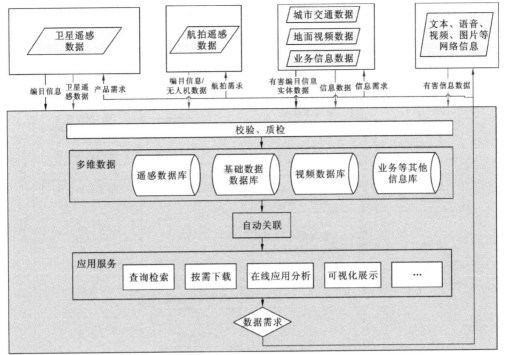

图 6.13 系统流程设计图

6.5 业务流程

平台为用户提供天空地大数据接入、存储、组织、管理、共享分发、应用服务。帮助用户对影像数据进行有效的管理、快速查询及使用。本节主要针对数据管理的工作流程进行说明,具体流程如图 6.14 所示。

海量多源数据汇聚管理平台主要工作流程如下。

(1)数据管理子系统通过服务器上传、在线调用的方式获取数据,并按照需求自定义目录级别和设置。

(2)通过解析数据元数据实现上传入库数据的自动化分类,并进行编目组织和数据权限设置。

(3)服务管理子系统根据数据权限和数据分类编目,对入库数据进行服务注册、发布、配置等一系列操作,对数据服务以组件实例的形式进行发布和管理。

(4)数据管理子系统发起、执行数据查询检索活动,结合高级查询子系统的空间检索、虚拟目录等功能实现在线服务数据的查询、获取。

6.6 平台接口

海量多源异构数据汇聚与协同管理平台内部接口图如图 6.15 所示,内部接口说明如表 6.2 所示。

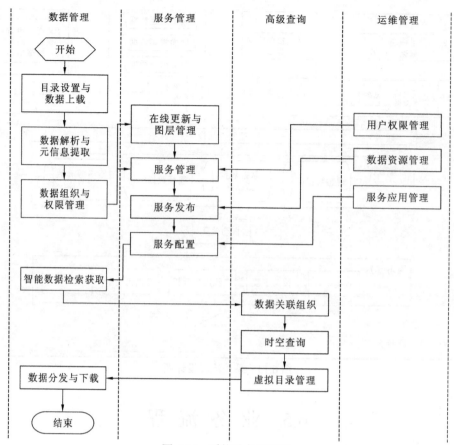

图 6.14　系统业务流程图

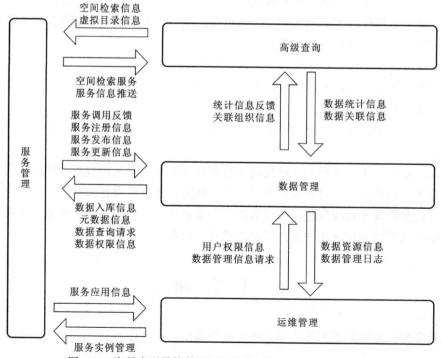

图 6.15　海量多源异构数据汇聚与协同管理平台内部接口图

表 6.2　内部接口说明

发送方	接收方	接口内容	接口类型
数据管理	服务管理	数据入库信息 元数据信息 数据查询请求 数据权限信息	控制接口
服务管理	数据管理	服务调用反馈 服务注册信息 服务发布信息 服务更新信息	控制接口
高级查询	服务管理	空间检索信息 虚拟目录信息	控制接口
服务管理	高级查询	空间检索服务 服务信息推送	控制接口
高级查询	数据管理	数据统计信息 数据关联信息	控制接口
数据管理	高级查询	统计信息反馈 关联组织信息	控制接口
数据管理	运维管理	数据资源信息 数据管理日志	控制接口
运维管理	数据管理	用户权限信息 数据管理信息请求	控制接口
运维管理	服务管理	服务实例管理	控制接口
服务管理	运维管理	服务应用信息	控制接口

6.7　核　心　技　术

　　针对天空地大数据特点，从大数据存储、计算、融合分析等方面，通过定制化大数据软件栈实现对天空地大数据的统一承载和高效处理，打通天空地大数据"采、存、管、通、用、看"的全生命周期管理。

6.7.1　天空地大数据统一存储技术

　　天空地大数据具有海量、多源、多时相、多尺度、多类型的特点，针对这些不同类型的数据特点，将其抽象为三大类型数据：非结构化天空地数据，包括遥感影像、地形、倾斜摄影、音视频等各种二进制文件类型的数据；结构化天空地数据，以矢量数据为主，包括基础矢量及地名、POI 等类型的数据；半结构化数据，典型的包括用于数据服务访问的大量缓存栅格瓦片和基于各种传感器的动态轨迹数据（时间、空间都不断变化）。针对这三类数据的特点，天空地大数据统一存储引擎中将研制三种不同类型的存储系统。

6.7.2　分布式共享存储系统

分布式共享存储架构及并行空间信息数据库架构分别如图 5.15 和图 5.16 所示。

复杂的时空分析应用要求对海量栅格及历史轨迹数据做全量存储，并在态势、轨迹、研判、预警等应用中做快速访问。

如图 6.16 所示，海量栅格及历史轨迹数据库是架构在分布式文件系统之上的分布式列式数据库系统，能够为海量的半结构化数据提供高效存储、实时处理及离线分析的完整解决方案。与传统数据库仓库系统相比，这种分布式 KV 系统支持 PB 级的海量数据存储和访问，且单表支持千亿条量级以上数据的存储；动态可插拔水平线性扩展，可以轻松支持动态添加字段，适应未知的数据变化及应用扩展；在功能上基于 KV 系统实现 tabular 模型封装，支持二级索引和对同一表多字段索引，可分别配置条件字段和结果字段，实现非主键属性的高效查询。此外，还支持对表中一列或多列构建全文索引，并支持实时或批量定时更新机制。

图 6.16　栅格及历史轨迹数据库架构

KV 分布式存储系统底层数据结构基于日志结构合并（log structure merge，LSM）树模型，具有高效的写性能，支持数据的高并发写入和更新。而且 Turboo Base 具有流式数据写入加速特性，通过客户端并发、IO shortcut 及并发 flush，精简数据合并等技术，大幅提升系统的聚合写入带宽，同时保持低时延。

此外在数据访问接口上 KV 存储系统不仅提供高效的对全量数据的实时简单查询，包括单表多条件的组合查询，还支持复杂的 SQL 分析功能，兼容多维分析模型，以及对多表 join 场景进行性能调优。

6.7.3　天空地大数据融合分析技术

对利用海量、多源、多时相、多尺度、多类型的天空地数据进行融合分析和深度挖掘，形成价值密度更高的成果，为上层业务平台服务，GEOVIS iCenter 在数据融合分析方面，提出基于分布式层级快速拼接、转码无损压缩的影像实时流技术，提升了高分影像查询、浏览、分发效率；借助分布式图数据库及知识图谱技术，实现多源异构数据实体之间的关联及融合，可支持 PB 级多源异构天空地大数据的快速接入、实时更新及智能检索，为不同行业天空地大数据分析挖掘提供技术支撑。

1. 通用并行计算框架

随着航空航天遥感技术的快速发展，大量的高分辨率遥感影像产品对计算量需求大幅增加，传统单个计算设备往往无法处理如此规模的计算量。融合分析引擎支持 Hadoop 生态的并行计算框架，包括离线分析框架 MapReduce 及迭代分析框架 Spark，以及流式分析框架等。融合分析引擎对计算框架进行增强：对 MapReduce 计算模型的支持基于开源 Hadoop 框架。同时在原语上进行扩展，可支持 MR 与 SQL 操作的融合，支持两者的并联或级联操作。

对内存计算框架的支持基于 Spark。通过配置调优及批量修改功能来解决公共程序库版本冲突，进而实现 Spark1.X 和 Spark2.X 的版本共存；对流式计算框架可同时支持基于 Spark Streaming、Storm 及 Flink 多种框架，同时可通过 Kafka 等消息队列机制与批处理框架做数据处理流转；在任务调度分割上考虑局部性原则，计算任务尽量发送至数据存储的节点上进行本地化计算，进一步提升计算任务执行效率；在时空查询上，通过 GeoMesa 在 Apache Kafka 之上分层空间语义来提供大量存储点（point）、线（line）和多边形（polygon）数据的时空索引，支持 Spark 分布式计算引擎，用户可以通过 Spark SQL 进行时空数据查询与分析。

2. 多源数据关联

传统的二维表关系模型广泛应用于数据库类应用，但在表达关系模式或计算多个实体之间的关系时无能为力。相比二维表模型，图是现实世界中更加广泛的信息模型，其表达能力更强。图模型是顶点和边的集合，也就是一些节点和关联这些节点的联系（relationship）的集合，图模型可快速解决复杂的关系问题。在天空地数据空间，数据是异构多维度的，同一个现实目标的信息会产生于不同的传感器，手段和来源也是多样的。

构建天空地大数据的统一时空基准，通过图的关联分析引擎，并据此基准实现不同类型、不同来源数据的关联融合及统一承载，可以将不变时空点作为图中节点，将不同关系通过边的形式进行时空关联、目标关联、属性关联等，最终支持各种类型的融合分析。

如图 6.17 所示，关联分析引擎的底层基于图模型实现，包括底层图数据的存储—图数据库，上层的图算子处理引擎，以及最上层的图查询操作接口。关联查询引擎支持多种数据加载和流式接入，同时支持分布式能力扩展。提供任务调度和元数据服务能力，通过增强 HA 模块对外提供高可靠持续服务能力。

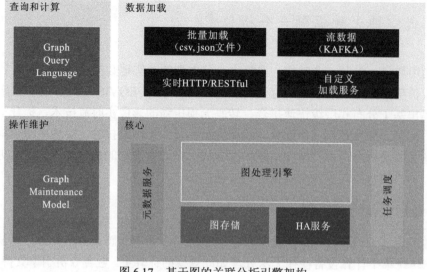

图 6.17 基于图的关联分析引擎架构

在天空地大数据应用场景中，关联分析引擎将对天空地大数据统一存储引擎中的多类型数据建立一套以数据对象为核心的数据关联模型，从而实现多源异构数据的关联组织和基于统一时空框架的数据分析。通过静态信息的融合在图分析引擎上构建知识图谱；通过动态行为轨迹信息的融合对时空数据的演化模式做出精准的显示。

3. 实时数据处理引擎

智能手机的普及及 4G 的大规模应用，让移动互联网真正进入并改变了人们的生活，5G 的超快速度、超高带宽、超低延时让人们畅想了很久的万物互联时代加速到来，联网的终端传感器将无处不在，信息的传输效率不再是瓶颈，各类移动载体上搭载的传感器可以持续不断地往云端传输其动态的位置和状态，基于实时位置数据的应用将迎来爆发式增长。

为了实现全球场景中具备空间特性的实时数据（卫星、飞机、人、车、船、移动设备、环境监测设备等）的接入、清洗、计算分析、可视化展示，需要解决这类 TB、PB 级大数据存、管、看的难题，使各类地理物联网数据可以快速呈现给决策层。

GEOVIS iCenter 的实时位置数据服务引擎由数据源接入器、实时位置数据处理分析器、处理结果输出器三部分组成（图 6.18），支持单节点和多节点的存储方案。

时空位置数据经过接入、实时处理和分析后，可通过处理结果输出器支持的各种通信协议和格式进行结果的输出，配置和选用实际业务应用系统方便使用的协议和格式即可。引擎的处理结果输出器也支持了众多通信协议，包括 kafka、RabbitMQ 等主流消息服务器，支持同时对多个业务应用系统进行实时推送。

GEOVIS iCenter 实时位置数据服务引擎支持丰富的数据源接入协议和格式、实时处理和分析功能及处理结果输出协议和格式，保证对各类业务应用支持的普适性和兼容性。除功能以外，性能指标对实时位置数据的应用也至关重要，衡量对实时位置数据的实时处理能力的指标区别于对历史数据进行大数据分析的指标，后者更关注数据的规模，而前者更关注实时处理的效率，即每秒接入和处理的并发量，通常用 e/s 来衡量，即每秒能接入处理的事件数。

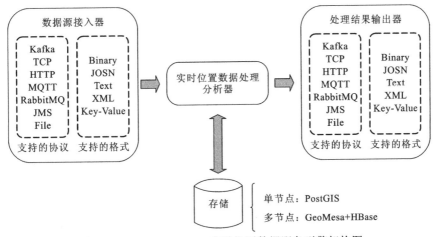

图 6.18　GEOVIS iCenter 实时位置数据服务引擎架构图

执行引擎采用可插拔的方案，默认使用 Flink，以便支持更多的数据源和数据格式，提供高吞吐量、快速处理的能力。在数据流驱动上，通过对字段数据改写、增加字段、字段拼接等操作生成新的数据流、流上的数据统计、Top-K 和排序操作、多流关联、开放编程接口、滑动窗口、用户自定义函数。同时数据源支持数据总线、分布式存储、数据加载模块。数据目标支持数据总线、分布式存储、K-V 表、数据库等；为保证实时数据处理时效，充分利用服务器内存进行数据的临时存储、处理，以避免磁盘 I/O 带来的对实时查询的性能损耗。采用分布式内存集群技术向外提供内存速度的数据访问与可靠数据存储。

GEOVIS iCenter 的实时位置数据服务引擎主要包含如下技术。

（1）流数据实时接入。多用户终端高频率发送数据时，系统通过有线或无线方式实时接收终端数据，并发送到平台端，平台端采用将流量均匀地负载到各个水平扩展网关的方式，实现负载均衡。数据接入支持 TCP、UDP、HTTP 和 WEBSOCKET 等网络通信协议；数据接入格式包括 csv、txt、xml、json、GeoJson 等。输入源支持 Kafka、RabbitMQ、RocketMQ 等消息中间件。

（2）流数据实时聚合与存储。天空地大数据中很多直接来源于卫星或基站的实时数据流输入，对此类数据的处理大都需要在数据接收过程中做免落盘同步处理。终端数据接入系统时，使用 Flink 等流框架对实时数据进行清洗，处理分析器内置了数十种函数提供支持，从简单的数据检查和清洗（如校验经纬度坐标是否在合理范围，过滤不合理的数据）到复杂的地理围栏分析（如监控车辆或飞机是否进入和离开某一特定区域）都不需要用户再编写代码进行开发，直接进行配置和使用即可满足应用需求。

使用 k-means、期望最大化（expectation maximization，EM）算法进行空间聚类，使用 GeoHash 建立空间索引，最终通过 GeoMesa 存储到 HBase 中。

6.7.4　天空地大数据服务承载技术

随着天空地行业的快速发展，越来越多的行业从业人员在不同维度开发天空地数据服务，随着业务服务的快速增长，传统单体化和虚拟机的部署方式，明显制约了业务服务的快速部署和迭代。

天空地大数据服务承载引擎采用系统容器化、微服务化、动态化设计，实现对数据资源、服务资源的全局虚拟整合，支持服务的高可用运行、弹性伸缩、故障隔离、负载均衡等，较传统单体型平台架构提供更好的稳定性、扩展性、可用性及动态适应能力。

只要符合统一的微服务开发规范，这些扩展服务同样能够实现弹性伸缩、负载均衡、统一运维等能力。用户可以遵循数据扩展规范定义自己的数据结构，以接入自有格式的数据。只要符合元数据规范并实现相应的接口，即可实现统一的数据管理。

1. 容器化技术

GEOVIS iCenter 采用当前应用最为广泛的 docker 容器技术，将服务封装在容器中，是微服务承载的手段。

容器虚拟化的作用是使开发者通过容器将他们的应用发布到任意的 Linux 机器上。容器是可移植的，且相互之间没有接口。容器虚拟化是对操作系统的抽象，具有资源占用小、启动耗时短的优势。通过只加载每个容器内变化部分的方式，在服务器环境下，较传统的内核虚拟化主机（kernel-based virtual machine，KVM）等虚拟化方案，可占用更少资源，实现更快速度。

2. 微服务架构

微服务架构是以专注于单一职责的小型功能模块为基础，通过 API 集合相互通信的方式来完成业务系统构建的一种设计思想。微服务核心理念包括根据业务模块来拆分服务，使得每个服务互相隔离并可独立部署，通过服务提供的轻量级 API 来调用它们，实现服务的灵活快速部署、高可用、自动扩展、负载均衡等特性，满足快速变化的应用需求。在服务拆分之后，每个微服务都可以独立部署，也可以随时进行升级。微服务大大降低了自动运维和管理的成本，极大地提高了效率。

GEOVIS iCenter 在设计之初就引入了微服务思想，吸收了微服务架构的最新成果，将庞杂的业务系统拆分为若干个高内聚、低耦合且功能独立的简单模块，解决了长期以来系统面临的大规模部署、动态升级、多版本等问题，大大降低了开发、运行和维护成本。

6.7.5 时空框架数据快速共享访问技术

1. 遥感影像分布式切片技术

随着航空航天遥感技术的快速发展，大量高分辨率遥感影像产品为国民经济发展提供了重要支撑。遥感数据具有数据量大（占用存储空间大）、随机访问速度慢等特征，如果查看整个影像，要将影像缩放采样到显示尺寸，在缩放采样的国产化中，需读取整个影像数据，I/O 和计算压力非常大，查看整个影像耗时较长，极其影响用户体验。

将遥感影像分层分块存储是实现影像在计算机上快速浏览的基础，分层分块的过程就是影像金字塔构建与切割的过程。在对大图幅遥感影像数据进行切割时，通常按照分辨率和空间范围将其切割成不同层次、大小相同的瓦片，这个过程简称切片。每张瓦片都将对应级别和行列号组合作为唯一标识，不同层级瓦片共同组成金字塔结构，如图6.19所示。

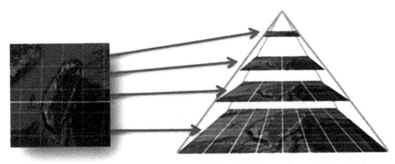

图 6.19　金字塔示意图

按照传统方式进行切片通常需要少则数天、多则数周甚至数月的时间，随着应用对影像时效性的要求越来越高，需要对影像数据进行更加频繁的更新和切片，因此提升影像切片的效率已成为遥感影像共享和应用的关键技术之一。

Spark 是一个快速、通用、可扩展的分布式计算引擎，核心是图计算和数据流的快速处理。尽管 Spark 在分布式计算调度方面功能强大，但其不提供原生的遥感影像处理功能。现有的切片应用使用的是成熟的 GDAL（在 X/MIT 许可协议下的开源栅格空间数据转换库）方案，将 Spark 分布式计算调度与 GDAL 切片业务相结合，以分布式文件系统作为存储介质，可以突破单机存储资源和计算资源的瓶颈，实现海量遥感数据集群分布式切片应用，大幅度提升数据容量和切片效率。GDAL 影像金字塔切片过程分为两个阶段：影像金字塔构建阶段与图像切片阶段。影像金字塔构建是指根据影像覆盖范围、图像分辨率计算出影像金字塔层数和每层切片的行列范围，形成一个切片任务列表；图像切片是指根据切片任务列表，执行图像处理层面的重采样和切割，输出尺寸大小一致的瓦片文件。

1）基于内存的深度优先切片算法

影像金字塔是一种多分辨率层次模型，其基本组成单元是瓦片，从金字塔的顶层到底层，分辨率越来越高，但表示的地理范围不变。传统的切片方式，每层瓦片切割均从原始 tif 中读取数据，造成大量的 I/O，特别是切割上层瓦片时，由于单瓦片的覆盖面积广，耗时尤其严重。

GEOVIS iCenter 通过采用深度优先切片算法，并充分利用内存进行缓存来大幅提升切片算法的效率，算法原理如图6.20所示。选定瓦片特定层级作为根瓦片，根瓦片将所有子瓦片的切割作为一个任务单元。一个线程对应一个任务单元，从四叉树叶节点开始切割，四个子瓦片拼接成父瓦片，任务间并行；任务单元根瓦片生成输出后，将结果缓存至内存，该层作为缓存层；所有任务单元切割完成后，以缓存数据作为基础，拼接缓存层以上的瓦片。

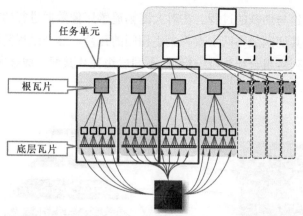

图 6.20　GEOVIS iCenter 深度优先切片算法原理图

2）基于 Spark 的多机分布式切片

传统做法较多采用单机多线程切片方案，但是在海量遥感数据面前，单机有限的存储和计算资源成为瓶颈。在整个过程中，第二阶段由于计算量较大，占用了绝大部分时间消耗。

在 Spark 集群中，Driver 完成 context 创建、任务提交、任务调度及与 Executor 进行协调；Executor 是 Spark 任务的执行单元，是运行在 worker 主机上的一个进程，它是一组计算资源（CPU、memory）的集合；弹性分布式数据集（resilient distributed datasets，RDD）是 Spark 的核心数据模型，一个 RDD 被分为多个分区，每个分区在集群中的不同节点（executor）上，从而使 RDD 中的数据可以被不同节点并行操作。

Spark 切片架构如图 6.21 所示。在 SparkDriver 中完成影像金字塔构建、切片任务列表生成、TaskRDD 的构建与重分区。TaskRDD 的成员是一个切片任务单元的描述，并不

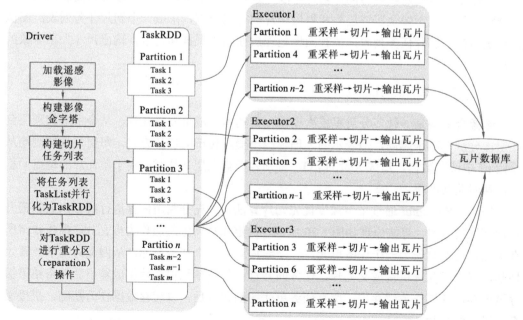

图 6.21　GEOVIS iCenter 中基于 Spark 的分布式切片架构图

包含任务数据；通过 Driver 调度，分布在不同主机上的 Executor 读取 TaskRDD 分区上的任务描述，通过调用各个 Executor 所在节点上的 GDAL 库执行分布式切片任务。整个流程如图 6.22 所示。

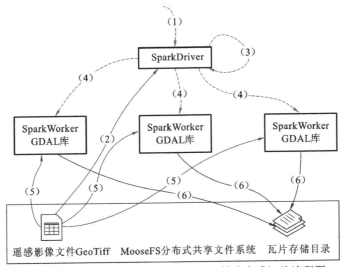

图 6.22　GEOVIS iCenter 中基于 Spark 的分布式切片流程图

（1）Spark 切片任务启动。

（2）SparkDriver 读取 GeoTiff 文件的描述信息。

（3）SparkDriver 根据 GeoTiff 描述信息构建影像金字塔及切片子任务列表 List<*XYZ*>。

（4）SparkDriver 将切片子任务列表并行化为 RDD[*XYZ*]，TaskScheduler 根据 RDD 的 Partition 将各个 Task 分派给各个不同的 Worker。

（5）SparkWorker 根据 Driver 分配的切片 Task（*XYZ* 对象），根据子任务描述信息对图像进行重采样和切割，生成瓦片文件。

（6）SparkWorker 将切割生成的瓦片文件存储至 HBase 中。

2. 基于不规则三角化网格剖分的地形切片技术

随着数字地球技术的发展，越来越多的人通过三维地球的方式查看地形图，为了让用户能以更快的速度浏览地形图，通常会对全球地形进行网格切分，传统地形瓦片切分大多用规则格网的高度图方式，这种方式能减少单次用户的数据请求量。但瓦片切分方式也存在弊端，网格大小固定时难以表达复杂地形突变，在地形平坦时会造成大量数据冗余。

传统地形切片方案采用的是规则格网模型，若采用不规则三角网（triangulated irregular network，TIN），可有效解决传统地形切片存在的弊端（图 6.23）。不规则三角网可按地形变化线等地形特征点，表示数字高程特征；也可随地形起伏变化，改变采样点密度和采样位置。因此，可充分体现复杂地形变化，避免地形平坦时的数据冗余，且在计算效率方面优于纯粹基于等高线的方法。

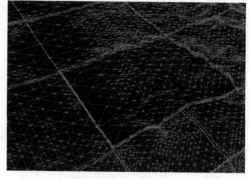

（a）传统规则格网　　　　　　　　　　　　　（b）不规则三角网

图 6.23　传统规则格网与不规则三角网地形表达

在 GEOVIS iCenter 海量多源异构数据汇聚与协同管理平台中结合不规则三角网剖分原理与瓦片地图原理，使用地形栅格数据，按照瓦片地图的四叉树原理，首先获取瓦片对应的栅格小瓦片，再基于栅格小瓦片通过不规则三角网剖分算法进行三角网剖分，生成三角化的地形瓦片，同时建立瓦片之间的位置关联关系，生成瓦片的元数据文件。

不规则三角网地形剖分（图 6.24）采用三角面网络实现区域的划分，每个三角面包括有限点集，这些点可以构成三角形顶点，也可以在边上或三角形内部。点若是在边上，可以用该边的两个顶点插值出该点的高程；点若是在三角形内部，可用三个顶点插值出该点的高程。

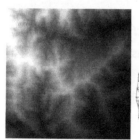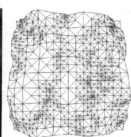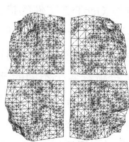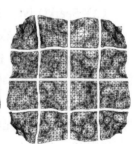

图 6.24　不规则三角网地形剖分示意图

三角化网格剖分的地形切片流程（图 6.25）如下。

（1）发起切片任务。输入将要被切片的地形文件，以及切片后的投影方式，一般用 EPSG: 4326 对参数进行检验，判断地形文件是否有效、参数是否有效，有效则开始切片流程。输入数据可以是地形 tif 数据或可变分辨率地形模型数据。如果数据的投影与瓦片的目标投影不一致，需要先对数据进行投影转换。

（2）计算瓦片索引。基于瓦片的目标投影方式，计算瓦片总量和瓦片索引，创建瓦片子任务，将瓦片子任务分解到不同的线程或进程执行。

（3）地形三角剖分。根据瓦片的索引号，在影像文件中查找对应的栅格块，基于三角剖分算法，生成三角网瓦片。

（4）瓦片元信息存储。根据瓦片的索引号，计算不同瓦片之间的关联关系，并对不同层级的瓦片信息、范围、投影进行存储，给瓦片服务提供发布基本信息。

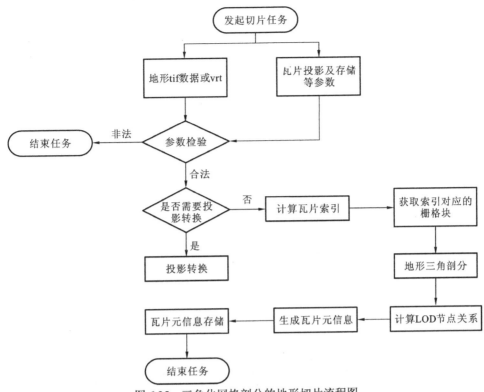

图 6.25 三角化网格剖分的地形切片流程图

3. 基于 HBase 数据库的 Hilbert 曲线存储策略

将遥感影像分层分块存储是实现影像在计算机上快速浏览的基础，而这些瓦片的存取方式不同，会影响影像在计算机上的浏览速度和流畅性。

瓦片在 HBase 中采用 Hilbert 曲线存储方法。通过 Hilbert 编码产生器将瓦片的 LCR 信息转换成 Hbase 的 rowkey，从而把相邻的瓦片存储到相邻的 Region 中。

基于 Hilbert 编码方式生成的编码格式（图 6.26），可以使地理位置相邻的点物理位置也相邻。

Hilbert 编码生成器是生成 rowkey 的程序，把瓦片的 LCR 信息传入 Hilbert 编码生成器中生成 Hbase 的 rowkey。

瓦片存入 Hbase 主要流程（图 6.27）如下。

（1）Hilbert 编码生成器程序启动。

（2）Hilbert 编码生成器程序获取到瓦片的 LCR，将 LCR 转换成 Hbase 的 rowkey。

（3）Hbase 存储程序按照 rowkey 把瓦片存入 Hbase 的 Region 中。

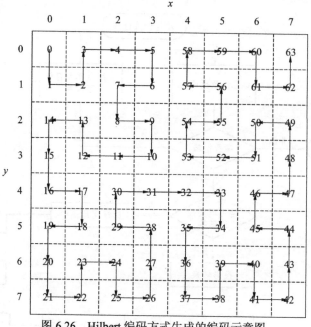

图 6.26　Hilbert 编码方式生成的编码示意图

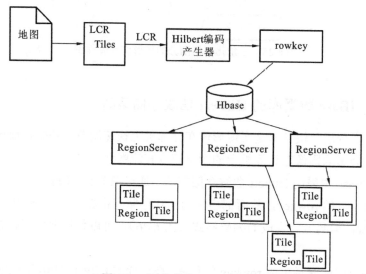

图 6.27　瓦片存入 Hbase 示意图

HBase 瓦片查询过程（图 6.28）如下。

（1）计算机浏览地图信息时请求 Hbase 中存储的瓦片。

（2）Hilbert 编码生成器程序获取到瓦片的 LCR，将 LCR 转换成 Hbase 的 rowkey。

（3）Hbase 查询程序按照 rowkey 把瓦片从 Hbase 的 Region 中批量增强取出。

（4）把查询到的瓦片返回计算机给用户浏览。

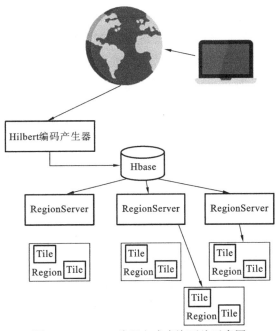

图 6.28　Hilbert 编码方式查询瓦片示意图

4. 基于多级分布式存储的瓦片快速访问策略

一个全球底图往往由大量的瓦片存储，以一个最大层级为 17 层的全球底图为例，在 4326 格网集下，其对应的瓦片数量为 45812984490，随着支持最大层级的增加（每一层级的瓦片数量都是上一层级的 4 倍），瓦片的数量也会以指数级增长，为实现高并发、高性能基础影像、地形瓦片服务能力，需对瓦片数据的存储和读取进行优化。

采用 Redis 集群作为高速缓存存储瓦片信息，HBase 集群存储全量数据的解决方案。用户访问应用服务，应用服务先到 Redis 缓存中查询，减少数据访问磁盘的次数，当查询不到的时候才进行数据库查询，通过这样的机制来缩短响应时间，提升用户体验。其中高速缓存过期策略算法采用最不经常使用（least frequently used，LFU）页置换算法，其主要思想是如果数据在过去被访问了多次，那么将来也更有可能被访问到。通过此算法，避免了缓存中存放大量不经常访问的瓦片，而是集中存放一些热点数据，加快服务的响应速度。

（1）瓦片请求到达应用服务器，这里以 WMS 请求为例。应用服务器将 WMS 中的 bbox 参数转换为层行列参数。

（2）瓦片服务器将 bbox 转换为层行列后，通过一定的策略将层行列转换成一个 key，根据 key 值去 redis 中获取瓦片，redis 中若存在这个瓦片，则将瓦片返回。同时异步更新对此瓦片的访问次数，这个次数的值同样存储在 redis 里。此操作是判断哪些瓦片是经常访问的，从而删除那些不经常访问的瓦片，以节约 redis 的空间。整个流程结束，否则，继续进行。

（3）Redis 里未能命中缓存，将到 HBase 里查询对应的瓦片，因为 HBase 里存储了全量数据，若用户的请求是合法的，则可以请求到具体的数据。请求到具体的数据后，将数据返回给用户，同时异步将数据存储到 redis 里。整个流程结束。

（4）应用服务存在一个常驻的线程，定时检测 redis 的使用量，当使用量达到一定的阈值时，便会触发清理线程，清理线程会根据瓦片访问次数来删除那些不经常访问的瓦片。

图 6.29 为用户访问及定期删除缓存流程图。

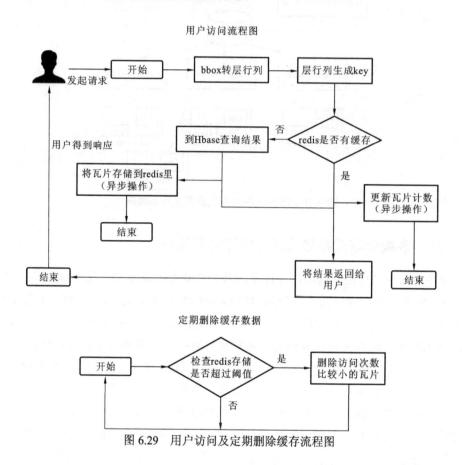

图 6.29　用户访问及定期删除缓存流程图

6.7.6　自主可控跨平台及国产化适配技术

跨平台和国产化适配是指 GEOVIS iCenter 需要运行在不同的操作系统和异构 CPU 的服务器上，包括 Windows、Linux 操作系统，国产化适配是指运行在国产 CPU 和操作系统的环境上，包括基于龙芯的中标麒麟和基于飞腾的银河麒麟。GEOVIS iCenter 的跨平台与国产化适配主要包括支撑平台、服务及第三方库、数据库管理适配多个方面。

支撑平台主要包括 JDK、Docker 容器、Redis 和 Postgresql 等数据库，RabbitMQ 和 Kafka 等中间件，其中 JDK、Docker 等国产操作系统都提供适配好的镜像包、数据库和中间件，需要基于相应的平台进行 GCC 编译和改造。

服务及第三方库：GEOVIS iCenter 服务采用 Java 8 开发，可以在龙芯和飞腾内置的 OpenJDK 上运行，服务所引用的第三方库如 GDAL、JDBC-SQLite 等需要基于相应的平台进行 GCC 编译和改造。

数据库：目前 GEOVIS iCenter 研发采用的空间关系数据库为 PostgreSQL，国产化环境一般使用达梦和金仓数据库，需要编写或引入相应的数据库访问中间件来提升国产数据库的操作能力。

参 考 文 献

陈美凤, 2008. 数字航空影像在土地利用更新调查中的应用. 福州: 福建师范大学.

侯树强, 郭国龙, 2019. 卫星遥感影像处理与分析技术刍议. 电子工程学院学报(11): 136.

胡翔云, 2001. 数字摄影测量与数字地球空间数据框架的建设. 中国图象图形学报, 6(10): 1036-1042.

江洲, 李琦, 2003. 地理编码(Geocoding)的应用研究. 地理与地理信息科学(3): 23-25.

李東洋, 2019. 基于高分遥感卫星数据的典型水污染源监测及预警关键技术研究. 电子工程学院学报 (11): 219.

梁旭, 2019. 空天大数据处理与应用技术发展现状刍议. 电子工程学院学报(11): 125.

刘云龙, 2008. 浅谈计算机系统网络安全. 中国科技信息(2): 102-105.

曲莉莉, 朱丰琪, 2021. 0.2 m 分辨率航空数字正射影像制作技术. 山东科学(6): 127-133.

孙昊翔, 2013. DDS 和以数据为中心的通信方式. 科技和产业(7): 153-158.

王玉鹏, 2011. 无人机低空遥感影像的应用研究. 焦作: 河南理工大学.

吴加敏, 孙连英, 张德政, 2002. 空间数据可视化的研究与发展. 计算机工程与应用(10): 85-88.

杨景玉, 张珩, 李宝文, 等, 2019. 多源异构遥感大数据的高性能存储技术研究. 兰州: 兰州交通大学.

殷年, 2006. 航空影像处理与应用. 安徽建筑(5): 189-190.

张逢春, 2018. 浅析无人机倾斜摄影测量技术与应用. 世界有色金属(3): 18-19.

张海波, 2014. DGPS/IMU 辅助航空摄影航片处理方法. 阜新: 辽宁工程技术大学.

张磊, 2011. 浅谈网络安全控制策略. 计算机安全(11): 65-69.

张思豪, 2020. 数字化样机平台 DDS 中间件的研究与设计. 西安: 西安电子科技大学.

张文辉, 2018. 基于 OGC 标准的空间数据共享技术研究. 数字通信世界, 168(12): 74.

周亚男, 赵威, 范亚男, 2016. 遥感大数据实时渲染与交互可视化研究. 地球信息科学学报(5): 664-672.

朱建忠, 2009. 计算机网络安全与防范研究. 网络安全技术与应用(12): 37-39.